박세진

패션 vs. 패션

KB084242

work
rk
ro
om

일러두기

— 외국 인명, 브랜드명은 가급적 국립국어원 외래어표기법을
따르되, 널리 통용되는 표기가 있거나 한국에 공식 진출한
브랜드가 자체적으로 사용하는 표기가 있는 경우 그를
따랐다.

— 단행본, 정기간행물, 앨범, 전시는 겹낫표로, 글, 논문, 기사,
노래, 작품은 홑낫표로 표시했다.

	들어가며	4
서문	패션을 바라보는 눈	8
1부	패션은 어떻게 무의미해지는가	18
	질 샌더 대(對) 질 샌더	19
	알렉산더 맥퀸의 죽음	36
	톰 포드, 사라지는 패션	58
	잉여의 종말	72
2부	옷은 어떻게 유의미해지는가	90
	스타일과 코스프레	91
	VAN, 복제 착탈식 패션의 프로토타입	105
	패스트 패션의 도래	128
3부	패션과 옷의 또 다른 길	150
	페티시와 롤리타, 망가진 마음의 힘	151
	패딩 전성시대	174
	케이(K), 패션의 미래가 될 가능성	204
	비싼, 페미니즘	232
맺으며	어제의 옷, 내일의 패션	252
	찾아보기	262

들어가며

패션 vs. 패션

패션은 어디에나 존재한다. 하지만 동시에 많은 사람들에게 아주 빠른 속도로 자신과 관련 없는 이야기가 되어가고 있다. 문득 다시 생각날 때는 이 옷이 나한테 어울리느냐 고민할 때, 혹은 아주 마음에 드는 옷의 가격표를 볼 때 정도다. 무언가 커다란 틀이 변화하고 있는 거다.

쉼 없고, 빠르고, 단 한 명도 빠짐없이 전 세계 모든 사람이 고객인 패션 산업은 2000년대 들어 계속 자신의 역사를 반복하고 있다. 물론 예전에도 복고 유행이란 게 있었지만 그 흐름과 양상이 전과 다르다. 게다가 그 반복하는 자신의 과거는 빠르게 잡아도 2차 대전 후인 1950년대 정도로 매우 짧고 가까운 데 있다. 물론 한 계절만 지나도 대체 저런 옷을 어떻게 입었지 싶을 정도로 인간의 취향과 감각 체계를 마비시키는 패션의 힘을 생각해볼 때 수십 년 전의 유행이란 건 옛날옛적 이야기이긴 하다.

이렇게 빠르게 움직이는 패션을 세상을 바라보는 매개로 삼아보려는 글을 2011년부터 2015년까지 간헐적으로 발행된 『도미노』에 연재했다. 큰 이야기를 상정하고 중간 중간 뽑아서 쓰긴 했지만 어디까지나 하나씩 독립적인 내용으로 취급했기 때문에 각 글을 하나로 묶기 위해 반복되는 이야기를 정리하고 재구성하는 일이 필요했다. 얼마 지나지 않았지만 그새 옛날이야기가 되어버린 부분은 수정하거나 삭제했다. 이 책이 세상에 나올 수 있도록 도움을 주신 모든 분들과 워크룸 프레스 그리고 박활성 편집자께도 감사의 인사를 전한다.

들어가며

서문
패션을
바라보는 눈

패션 혹은 옷 입기가 만들어내는 재미는 여러 가지다. 패션이나 옷 자체에 흥미를 집중할 수도 있고, 산업을 둘러싼 환경과 흐름을 눈여겨볼 수도 있다. 그중 이 책에서 바라보는 패션은 어느 시기 어떤 상황에서 누가, 뭘, 왜 내놓는가에 초점을 맞춘다. 크게 보자면 옷을 생산하는 디자이너나 회사와, 그렇게 만들어진 옷을 구입해 입는 소비자 두 측면으로 관전 포인트가 나뉜다. 패션 잡지나 방송 등에서 가장 많이 다루는 '예쁘다'나 '어울린다'의 측면은 많은 사람들에게 패션의 본질이자 이유겠지만, 여기서는 다루지 않는다. 이런 방식으로 패션을 보자면, 최근의 패션은 예전만큼 흥미롭지 못하다. 여기서 '예전'은 1980년대와 1990년대, 조금 더 넓게 보자면 2차 대전 이후부터 21세기 전까지를 말한다. '흥미롭다'는 말은 그래도 한때 소수의 디자이너들이 신선한 실험을 시도했고, 그게 세상 여기저기에 널리며 어떤 현상을 만들거나 차이나 문화와 함께하는 등 문화 측면에서 분투를 했고, 더불어 그런 와중에 어떤 이들은 운 좋게 돈도 좀 벌었다는 의미다.

이 부분에 대해서는 조금 냉정하게 생각해볼 수 있다. 인류 역사 대부분의 시기에 사람들의 눈앞에 걸린 가장 큰 문제는 생존이었다. 패션이란 건 인생과 별 상관없는 일이었고 사실 지금도 그렇다. 그럼에도 사람들은 옷을 입어야 했고, 그렇다면 살 돈은 없으니 가족 중 누군가는 제작과 수선에 관한 기본 지식을 갖추고 직접 옷을 제작해야 했다. 물론 거기에 자신의 취향을 가미해 예컨대 리본을 단다든가 힘찬 다림질로 빳빳하게 옷을 유지한다든가 하는 소소한 DIY 정도는 있었다. 지금도 고등학교나 군대처럼 다 똑같은 옷을 입는 곳을 보면 어떻게든 건드려서 입는 이들이 있다. 대부분 자기 자신, 혹은 관심 있는 소수의 주변인들만 알아챌 수 있지만 어디까지나 자기 만족의 영역이고 그런 건 큰 문제가 아니다. 이런 활동은 트렌드나 스타일로서 패션이라기보다 장식이나 지루한 일상 속의 취미 활동에 가깝다. 그러다가 2차 대전을 거치며 옷의 대량생산 체계가 완성되었고 이후 많은 것이 변했다. 의복의 역사야 수천 년이지만 현대 패션의 역사는 1900년 이후라고 쳐도 대략 100여 년밖에 되지 않는다. 산업화된 패션의 역사는 더욱 짧다.

그 짧은 기간 동안 적어도 옷 분야에서는 수천 년 인류 역사를 압축한 듯한 변화가 있었다. 옷의 계층별 분류가 소비자의 자본력에 따른 분류로 바

뀌었고, 1980년대 잠시 지속된 경제적 안정 속에 상
하 계층의 소득 격차가 줄어들면서 덕분에 꽤 비싼
패션도 어지간한 중산층의 가시권에 들어오게 되었
다. 이 시기 패션은 거의 모든 문화 영역을 흡수하기
시작했고 그와 비슷한 속도로 자신과 관련된 것들
을 구식으로 만들었다. 당장 '응답하라' 시리즈만 봐
도 고작 10, 20년밖에 지나지 않은 옷들이 일종의 아
이콘이 되어 시대를 촘촘히 구분하는 잣대로 사용된
다.

　　여하튼 패션은 근본적으로 분리된 계층 세계
를 기반으로 하고, 낭비와 유희를 목적으로 한다. 1
차 대전이 한창일 때도 프랑스의 『모드(Mode)』나
영국의 『퀸(The Queen)』 같은 하이엔드 패션 잡지
에는 전쟁에 대한 이야기는 거의 등장하지 않았다.
그 잡지 독자들의 삶에 전쟁이라는 게 별다른 영향
을 미치지 않았기 때문이다. 그게 아직 100년도 지나
지 않은 이야기다. 이랬던 게 지난 수십 년 동안 여러
운이 겹치면서 반짝하고 평범한 사람들의 관심도 끌
수 있었던 거다. 그러므로 지금의 현실을 따지고 보
자면 중산층의 볼륨이 부풀었던 시기가 지나고 이제
는 원래의 자리로 돌아가는 과정이라 할 수 있다.

　　그렇다고 일반 계층과 하이엔드 의류 사이에
관계가 이주 없다고 말하기는 어렵다. 입지는 못해
도 만드는 사람들이 그들이었기 때문이다. 전쟁 와

중인 1900년대 초에도 최고급 의류를 만드는 쿠튀르들은 계속 정기 컬렉션을 진행했다. 예를 들어 1920년대에 시즌별로 나온 수십 벌의 고가 옷과 액세서리를 만들기 위해 1500여 명의 숙련공을 고용한 의상실도 있었던 만큼 산업 규모에 비해 꽤 많은 고용이 창출되었다. 몇 명이 입을 옷 덕분에 1500여 가구가 생존을 이어가는 거다. 영화 「악마는 프라다를 입는다(*The Devil Wears Prada*)」(2006)를 보면 프리스틀리 편집장이 오스카 드 라 렌타가 터키석 색상 대신 세룰리언 블루의 이브닝 드레스를 내놓은 덕분에 일자리와 재화가 얼마나 창출됐는지 아느냐고 역설하는 장면이 나오는데 이런 식의 구조는 여전히 비슷하다. 다만 예전보다 감시의 눈길이 많아져서 고급 의류의 경우엔 그나마 노동 환경이 나아졌고, 기술이 발달해 많은 부분을 공장의 기계가 해낸다는 점이 다를 뿐이다. 그러므로 '저런 걸 저렇게 비싸게 팔다니'라며 세상 한탄하는 시간에 어떻게 저기 껴서 저런 걸 팔아볼 수 없을까 곰곰이 생각해보는 게 훨씬 삶에 도움이 된다는 건 별로 잘못된 태도는 아니다.

　　이런 패션이 80, 90년대에 잠시 재미있었던 이유를 생각해보자면 그 시기가 일종의 과도기였기 때문이다. 냉전과 그에 따른 서구의 복지 제도, 여성의 사회 진출, 안전하고 지속적인 직장 등 자본주의 등장 이후 최근 100여 년간의 인류 역사의 숨 가쁜 변화 덕에 중산층의 삶이 형성되었다. 소득의 증가와 안정이 경제 계층을 재편하면서 주춤한 상류층의 소득 증가율과 잠시 맞닿으며 각 계층간 소득 간극이 약간이나마 가까워진 거다. 다시 말해 초고소득층과의 자산 격차는 물론 언제나 비교가 불가능할 만큼 벌어져 있었겠지만, 그들이 만들어내는 수요만 가지고는 디자이너 하우스들이 계속 버티기 어려운 시기가 만들어졌다. 몸집을 늘리기는 쉽지만 줄이기는 어려운 법이다. 글로벌 패션이 등장하면서 마케팅 범위가 넓어졌고, 비싼 제품의 판매를 위해선 비싼 비용을 부담해야 했다. 과거 사교계 인맥 속에서 친분 관계에 기반한 귀족 구매층에 만족하던 디자이너 브랜드들은 도산하며 사라졌고, 발 빠르게 사태를 파악한 디자이너들은 가격 책정의 수준을 중산층 구매자도 구입 가능한 범위 안에 집어넣었다. 결국 중산층이 구매 대열에 적절하게 흡수될 수 있었고 생산량이 늘어나면서 업계는 더욱 커졌다. 현재 중국 등 신흥 개발국을 보면 알 수 있듯이 경제 여력이 늘어나는 징후의 초중반 단계 중 하나가 사람들이 그때까지 불가능하던 고급 옷을 사 입는 거다. 당시의 경제 안정은 전 세계적 규모였기 때문에 수많은 사람들의 수많은 취향들이 존재할 수 있었고 다양한 스타일의 디자이너들이 존속 가능했다. 기존 디자이너 하우스의 관리 능력도 튼튼해지면서 새로운 세상에 적응해갔다.

이렇게 커진 디자이너 브랜드들은 더 넓어진 시장에서 경쟁하기 위해 다국적기업화 및 몸집 불리기를 시작했고 그러자 이야기가 또 달라졌다. 사실 이런 이합집산은 신자유주의의 본격화와 중국과 중동 등 새로운 경제 대국의 출현, 그리고 인터넷을 통한 전 세계적인 유행의 동시화 등의 변화와 함께 찾아왔다. 이렇게 여러 회사를 합병하면서 몸집을 키워가던 패션 대기업들이 이윽고 중산층 소비자를 버려도 되는 시점이 찾아왔다. 정확히 말하자면 고급 제품 안에서 나름의 계층화를 완성하는 거다. 이런 큰 틀의 계층화는 역시 한 기업 집단이 모든 걸 통제해야 더 쉽게 가능해진다. 한국의 패션 시장도 이와 비슷한 궤도를 걸었는데 IMF, 카드 위기, 서브프라임 위기 등 일련의 절차를 거치면서 계층 분류가 보다 확실하고 선명해졌다. 그러면서 백화점 4층에 있던 명품 섹션은 명품관, 명품동으로 자리를 옮겼다. 이제는 기업들이 경제 상층부와 더불어 보통은 잠시 거쳐가는 '발랄하고 호기심 많은' 20대 신규 유입층, 그리고 중국과 일본 관광객들의 가격 수용선을 거의 파악했고 그런 자료들을 근거로 명품관에 들어갈 브랜드들을 분류한다. 백화점들은 자체 전략에 맞게 프라다를 내보내고 디오르를 들이고, 질 샌더를 내보내고 샤넬에게 조금 더 넓은 자리를 주는 식으로 상황에 대처한다. 브랜드들 역시 자체 전략을 가지고 백화점과 대결을 하거나 독자 노선을 그리면서 움직이고, 소비자들도 마찬가지다.

　　이런 재편은 동시에 패션과 유리된 옷의 본격적인 등장과 규격화, 무관심화를 만들어냈다. 방금 전까지 옆에 있던 게 순식간에 너무 멀어져버린 거다. 어차피 입을 거면 좋고 멋진 걸 입자는 태도는 어느덧, 어차피 살기도 바쁜데 그런 건 대충 때우자로 방향을 전환하며 본능적으로 생존의 길을 탐색한다. 아예 모르고 살았으면 몰라도 잠깐의 시기 동안 어설프게 만들어진 취향 비슷한 게 있다면 가능한 재빠르게 쪼그라뜨려야 한다. 이런 경향을 패스트 패션의 등장이 본격화했다. 대량 구매와 대량생산의 혜택을 받을 수 있는 이 세계에서는 가능한 일을 키우고 선점하는 회사가 유리하다. 하지만 H&M을 선두로 자라, 유니클로 등이 세상에 등장해 자리를 굳히는 와중에도 점점 더 커지는 수요 덕분에 대기업들은 비슷한 영역에 너도나도 뛰어들 수 있었다. 규격화된 옷은 규격화된 음식, 규격화된 집과 함께 많은 이들의 미래를 구성하게 될 것이다. 지금은 해오던 습성이 남아 패스트 패션에서 패셔너나 웰메이드를 찾는 이들도 여전히 있지만 그런 번지수를 잘못 찾은 행동 유형은 곧 사라지게 될 가능성이 크다.

　　이런 사회 및 패션 산업의 변화 속에서 패션이 평범한 이들의 삶에서 멀어져가고 있음에도 옷이란 너무나 가까이에 있고, 또 그걸 재미있어 하는 사람들이 은근히 많이 있기 때문에 이걸 완전히 속세에서 떨어뜨리긴 어렵다. 패션이 아니더라도 기호나 취향으로서 이 분야는 계속 존재할 것이며 더욱 넓어지고 깊어질 수 있다. 이 책은 이렇게 움직여온 패션과 옷, 그리고 그걸 가지고 현대인이 선택할 수 있는 다른 길에 대한 이야기이다.

1부
패션은 어떻게
무의미해지는가

패션 vs. 패션

질 샌더 대(對)
질 샌더

영문 위키피디아의 '오래된 기업 목록(list of old companies)' 항목은 705년에 시작되어 1851년에 끝을 맺는다. 이 커트라인 안에 들어 있는 패션 기업 가운데 알 만한 건 두셋밖에 되지 않는다. 유구한 역사의 일본 장인 가문들을 제외하면 영국의 존 브룩이 1541년, 고야드가 1792년, 에르메스가 1837년, 이름만 남고 사라졌다 얼마 전 LVMH 그룹이 되살린 모이낫이 1849년이다. 이 회사들은 모두 최초 설립자의 이름, 그러니까 장인의 이름을 따랐다. 고야드는 프랑소와 고야드, 에르메스는 독일에서 온 티에르 에르메스, 모이낫은 폴린 모이낫이 그들이다. 상대적으로 조금 늦게 시작한 루이 비통(1854)을 만든 사람도 루이 비통이다. 모두 옷을 만드는 곳은 아니었고, 아무래도 가방 등 상대적으로 상품화가 쉬운 가죽 제품이 먼저 브랜드화되어 소매시장에 나섰다. 그러다가 프랑스와 이탈리아의 의복 디자이너들이 돌아가는 분위기가 꽤 좋다는 걸 느끼고 속속 디자이너 하우스를 설립한다.

처음에는 맞춤 옷들만 생산했지만 이후 대량 생산이 가능한 기성복(ready-to-wear) 체제로 변화한다. 이건 디자이너 하우스가 아니라도 모두 마찬가지인 게 산업혁명이 원단 생산 체제를, 2차 대전이 양산 옷 생산 체제를 구축하며 세상 구석구석을 바꿔놓았기 때문이다. 그 변화 속에서 귀족 주변에 안주하던 디자이너들은 몰락했다. 수많은 디자이너 하우스들이 만들어지고 또 망하는 가운데 지금까지 버티고 있는 가장 오래된 옷 기반의 디자이너 하우스는 아마도 1909년 잔느 랑방이 만든 랑방일 것이다.

이렇게 대략 1900년대 초에 본격적인 역사가 시작된 디자이너 하우스들은 거의 창립자의 이름을 달고 있다. 최근 들어 이름 대신 독특한 브랜드명을 사용하는 사례가 늘고 있기는 하지만 여전히 많은 디자이너들이 자신의 이름으로 브랜드를 시작한다. 왜 이렇게 되었을까 생각해보면 답은 간단하다. 장인이 자신의 이름을 제품에 새기던 전통도 있을 것이고, 기본적으로 초창기 창업 형태가 파리나 밀라노의 번화가에 상점을 열며 자기 이름을 문 앞에 써 붙이는 것이었기 때문이다. 이건 우리나라도 마찬가지다. 오래 전 소공동이 패션의 중심지였던 때부터 최근 청담동 시절까지 앙드레 김, 박항치, 문영희, 손정완, 송자인, 장광효 등 모두 번화가에 매장을 장만한 다음 자기 이름을 걸고 장사를 시작했다.

　　이런 '이름'들은 아무래도 동명이인들이 얼마든지 있을 수 있지만(폴 스미스는 거의 김철수 수준이다) 패션 시장 안에서 이름이 알려지게 되면 그에 맞는 새로운 이미지를 얻게 된다. 고야드는 고야드가 만들어야 하는 것을 만들고, 랑방은 랑방이 응당 내놓을 듯한 옷을 내놓는다. 하나의 패션 회사가 올라운드 플레이어로 모든 인간의 개성을 포괄할 수는 없다. 베르사체가 보여주는 과한 금빛의 화려함, 아르마니의 단정한 엄숙함, 디오르의 우아함, 질 샌더의 미니멀한 엄격함 등 각 브랜드들은 자신만의 개성을 일궈낸다. 여기에 몹시 정교한 디테일을 더해 차별화된 세계가 완성된다. 이 과정에서 디자이너의 이름은 이미 사람이라는 개체를 지칭하는 차원을 떠난다.

　　이 패션 하우스들의 이름은 사실 어느 정도 한계가 예정되어 있다. 사람은 언젠가 죽기 때문이다. 프랑소와 고야드, 티에르 에르메스, 폴린 모이낫, 잔느 랑방도 모두 죽었다. 이들이 자신의 이름을 유지하기 위해 찾을 수 있는 최선의 대안은, 짚신의 털을 없애라는 마지막 비법을 큰아들에게 알려주고 세상을 떠난 우화 속 짚신 장인처럼 이 작업에 대해 잘 아는 유능한 사람을 후계자로 임명하고 제조 기법을 전승하는 거다. 아들이나 손자를 후계자로 지명해 이어나가는 경우도 예전엔 많았지만 그건 자녀가 관심 있고 재주도 있을 때나 가능한 이야기다. 특히 소유와 경영을 분리하는 풍토가 정착하면서 지분은 자식에게, 장인의 자리는 제자에게 물려주는 전통이 디자이너 하우스에서도 자리를 잡는 듯했다.

하지만 이런 훈훈한 이야기는 생각보다 일찍 사라졌다. 이 산업이 그러기엔 너무 커졌고 영향을 받는 사람들이 너무 많아졌다. 패션 하우스들은 몇 개의 거대 기업군에 합병되어갔고 경쟁은 치열해졌다. 특히 옷과 스타일, 정체성에 있어서는 차별화가 상대적으로 용이하지만 제조 쪽으로는 브랜드마다 두드러지는 차이를 보이기가 어렵다. 기껏해야 소재의 고급화, 아니면 핸드메이드로 만들었다고 홍보하는 정도인데 그 정도는 이미 다들 하고 있다. 결국 브랜드 이미지가 주가 되는데 여기에는 막대한 마케팅 비용이 든다. 그러므로 이렇게 돈을 많이 들여 만들어놓은 브랜드를 디자이너 마음대로 처분하도록 내버려둘 수는 없는 노릇이다. 발렌티노가 회사의 진짜 주인인 스위스 CEO에 의해 자리를 내놓을 위기에 처했던 90년대만 해도 사람들은 과연 저게 정상적인 상황인가 의문을 품었다. 당시 발렌티노는 인터뷰를 하면서 눈물도 흘렸지만 이제 그런 일은 일상적인 사건이 되었다. 『보그(*Vogue*)』나 『엘르(*Elle*)』 같은 잡지뿐 아니라 『가디언(*The Guardian*)』, 『비즈니스 위크(*Business Week*)』, 『월 스트리트 저널(*The Wall Street Journal*)』에도 패션 하우스 크리에이티브 디렉터의 임명과 해고 기사가 오른다.

　　물론 이런 상황을 아쉬워하는 팬들은 여전히 있다. 신문이나 잡지의 기사도 가끔 그런 기분을 표현한다. 하지만 그래 봤자 망해버린 다음 "아, 그때 그런 옷을 만드는 멋진 디자이너가 있었지…"라는 하릴없는 이야기나 하게 되는 거고 망한 디자이너 마음만 더 아프지 아무 짝에도 쓸모가 없다. 자본을 대는 기업과 투자자 입장에서는 자신들이 사들인 이름을 제대로 포장해 수익을 극대화하는 게 중요하다. 브랜드 이름이 원래 어디에서 왔는지, 그 사람은 누구였고 무엇을 했었나보다 훨씬 중요하다.

　　이런 사정에 휘말린 예로 크리스티앙 라크르와를 들 수 있다. 1987년 그는 자신의 이름으로 쿠튀르 하우스를 열었고, 전통 복식사에 대한 깊은 관심과 재능 덕분에 단숨에 세상의 주목을 받았다. 이후 에밀리오 푸치 하우스의 크리에이티브 디렉터로 임명되었고 서브 라벨도 성공하며 디자이너로서 승승장구한다. 하지만 2009년 모회사가 된 팰릭 패션 그룹은 구조 조정을 단행하며 디자이너 하우스에서 핵심 역할을 하던 12명의 작업자들을 모두 해고해버렸다. '비싼 옷은 이름값으로 팔리는 거다'라는 생각을 가진 많은 이들이 디자이너에게 줄 돈으로 공장을

세워 옷을 잔뜩 생산해 더 많이 파는 게 훨씬 이익이
라고 판단하고 흔히들 이런 결정을 한다. 특히 현대
적 기업화 초기에 이런 생각이 많았는데 요새는 그
렇게 머리 나쁜 짓을 하는 곳은 잘 없다. 그렇다 해도
요즘 분위기라면 크리스티앙 라크르와처럼 멋지긴
한데 어딘가 번거로운 풍의 옷을 내놓는 디자이너는
잘릴 가능성이 많기는 하다.

2009년 오트쿠튀르 컬렉션에 자비를 들여 겨
우 참가한 라크르와는 어디 조용한 곳에서 작은 아
틀리에로 다시 시작할 것이라는 인터뷰를 남기고 패
션계에서 사라졌다(최근 스페인 브랜드 데시괄의
크리에이티브 디렉터로 들어가 재기를 노리고 있
다). 헬무트 랑에게도, 질 샌더에게도 이런 일이 찾
아왔다. 이 회사들은 프라다에 팔리면서 구조 조정
이 되었다. 결국 '이름'은 사람은 내버려두고 혼자 떠
돌아다니며 팔리고, 어디론가 사라지고, 또 어디에
선가 살아난다. 결코 순식간에 만들어낼 수 없는 헤
리티지에 대한 열망 덕분에 지금 이 순간에도 무덤
을 헤집고 다니며 역사에 묻힌 디자이너의 이름을
발굴하는 이들이 있다. 그리고 새로운 일들이 벌어
진다. 어차피 이제 시작된 역사이므로 미래는 차곡
차곡 쌓이며 역사와 노하우가 된다.

— 질 샌더라는 이름의 운명

질 샌더는 1967년 독일 함부르크에 첫 번째 부티크를 열었다. 1975년의 파리 데뷔는 완전히 실패였지만 1970~80년대의 흥청거리는 화려한 골드 트렌드 속에서 꾸준히 고고한 미니멀리즘을 유지했고 결국 세상의 흥분이 가라앉자 주목받기 시작했다. 1990년대 들어 벨기에의 앤트워프 식스와 일본의 요지 야마모토, 꼼 데 가르송, 헬무트 랑 같은 신진 디자이너들과 함께 이 절제된 미학은 '젠(Zen)' 트렌드를 이끌며 소위 예술적 패션의 중심에 섰다. 그리고 다시 세상이 흥청대기 시작하자 고급 브랜드의 로고가 큼지막하게 들어가 있거나, 어린 몽고 양들의 캐시미어처럼 예전에는 생각도 안 하던 고급 소재를 찾아내는 실험을 하거나, 소나 양에 만족하지 못하고 뱀과 도마뱀 가죽을 찾는 화려하고 과장된 브랜드들이 각광을 받기 시작했다. 회사의 목표도 보다 명확해졌다. 더 비싼 재료와 더 많은 이익. 이에 따라 이런 고상한 절제주의 디자이너들에게 이미 시작부터 담보되어 있던 위기가 고개를 들었다.

1999년에 프라다가 질 샌더 그룹을 사들이는데 이때 수석 디자이너이자 창립자인 질 샌더가 해고 혹은 자진 퇴사를 당한다. 당시 이 해고를 주도했던 프라다 그룹의 파트리치오 베르텔리(미우치아 프라다의 남편)는 "질 샌더라는 이름은 공고하기 때문에 이 이름의 디자이너에 의지할 필요는 없다"라는 명언을 남겼다.[1] 즉 이름이면 충분하지, 거기에 몸값 높은 사람이 함께 딸려갈 필요는 없다는 이야기다. 여기에는 아마 직접 디자인을 하지 않고 프로듀서 체제로 성공한 프라다의 경험도 영향을 미친 것으로 보인다. 하지만 몇 년 뒤 프라다는 매출이 수직으로 떨어진 질 샌더 그룹을 결국 매각했고, 이후 여기저기 팔리며 세상을 유랑하던 '질 샌더'는 결국 일본의 온워드 홀딩스에 안착했다. 이후 온워드 홀딩스가 라프 시몬스를 크리에이티브 디렉터로 데려오자 다시 활기를 찾기 시작했다.

베르텔리에게 별 이상한 소리를 들으며 회사를 떠나긴 했지만 사실 질 샌더는 프라다와의 협약으로 질 샌더 그룹의 컨설턴트로 일을 했는데,[2] 그 관계마저 2004년에 완전히 끝이 난다. 이후 홀연히 사라졌던 질 샌더는 2009년 패션 컨설턴트 회사를 차렸다. 그해부터 질 샌더는 '+J'라는 이름으로 유니클로와 컬래버레이션을 시작한다. 유니클로 컬래버레

---

1   프라다는 비슷한 방식으로 헬무트 랑도 망쳐놓았다. 이후 그쪽으로는 소질이 없다는 걸 깨달았는지 프라다를 LVMH나 케링처럼 거대 패션 그룹으로 키우려는 꿈을 포기한다.

2   프라다가 질 샌더 그룹의 수석 디자이너로 임명한 밀란 부크미로빅의 스케치를 질 샌더가 직접 작업실에서 수정해 다시 보내주는 일을 했다고 나중에 자신의 책에서 밝혔다.

이션 중에 가장 평가가 좋았던 이 컬렉션은 새로운 제품이 나오지는 않고 있지만 이후 여러 이름으로, 심지어 2015년에도 유니클로 매장에 가끔씩 등장해 판매되었다.

　　여하튼 2009년을 기준으로 보자면 그해 가을 겨울인 FW부터 2011년까지 매우 이상한 다섯 번의 시즌이 찾아왔다. 온워드 홀딩스의 질 샌더 그룹은 공식적이고 합법적으로 '질 샌더(JIL SANDER)'라는 이름을 사용하며 라프 시몬스가 디자인한 질 샌더를 계속 선보였다. 라프 시몬스는 아마도 질 샌더라는 브랜드가 만들어낼 법한 이미지를 가지고 질 샌더라는 브랜드 로고를 달고 컬렉션을 만들면서 그 이름을 더욱 공고히 한다. 하지만 정작 프라다에서 쫓겨난 진짜 질 샌더는 유니클로의 모회사인 패스트 리테일링 소속으로 자신의 작품을 선보인다. 물론 패스트 패션 회사라 가격이나 소재 등 여러 면에서 제한이 있기는 하지만 어쨌든 본인이 직접 최종 시안을 결정하며 그 이름에 책임을 진다. 매장 앞에 내걸린 광고판에는 커다랗게 'UNIQLO+JIL SANDER'라고 적혀 있다. 둘 다 일본 회사가 본진이라는 점도 재미있다. 이런 식으로 다섯 시즌 동안 라프 시몬스의 질 샌더와 질 샌더의 유니클로 질 샌더가 세상에 공존하며 세상에 질 샌더라는 이름이 붙은 열 개의 패션쇼가 나왔다. 그렇다면 과연 어느 쪽이 진

짜고 어느 쪽이 가짜인가 의문이 생겨난다. 긴 시간
이 흐른 후 만약 이 옷들이 발굴된다면 패션사를 연
구하는 학자는 과연 어느 쪽을 질 샌더의 옷으로 평
가하고 어느 쪽에 '유사 질 샌더'의 딱지를 붙일까.

— 무인칭의 예술가들

비슷한 이야기는 다른 곳에도 있다. 메종 마르탱 마
르지엘라(이하 MMM)는 앤트워프 식스[3]와 함께 벨
기에 아방가르드 패션을 세계에 유행시킨 마르탱 마
르지엘라(이하 MM)가 1989년에 시작한 브랜드다.
기존 옷들이 가진 질서와 꽤 다르고 몹시 특이한 작
업을 하는 소위 예술적인 패션 브랜드인 만큼 일관
성을 유지하며 창조적인 결과물을 만들어내는 크리
에이티브 디렉터의 역할이 중요한 회사였다. 2002년
이 회사는 렌조 로소가 이끄는 청바지 회사 디젤에
팔렸는데 곧 "둘이 뭔가 맞지 않는다"라든가 "MM
이 패션에 싫증을 내고 있다더라" 등 좋지 않은 소문

---

3   1980, 81년에 벨기에의 왕립예술학교를 나와 교수 린다 로파
의 지휘 아래 1986년 런던 컬렉션에서 데뷔한 여섯 명의 디자이너
를 말한다. 반 베이렌동크, 앤 드뮐미스터, 드리스 반 노튼, 딕 반
셰인, 딕 비켐버그, 마리나 이. 이들의 아방가르드한 패션은 이후
패션계에 지대한 영향을 미쳤다. 마르탱 마르지엘라도 벨기에 출
신에 같은 학교를 나왔고 나이도 같은데 여기엔 속하지 않는다.
앤트워프 식스가 런던 컬렉션에 데뷔한 1986년에는 장 폴 고티에
하우스에서 일하고 있었다.

이 들리기 시작했다. MM이 패션계를 떠날 생각을
하고 있으며 2008년에 MM이 라프 시몬스와 하이
더 애커만에게 MMM의 디렉터 자리를 제안했다는
이야기도 흘러나왔다(둘 다 거부했다). 2009년 렌
조 로소는 결국 "MM이 MMM에 안 나온 지 한참 됐
다"는 사실을 공식화한다. MM은 회사에 나오지 않
고 일도 하지 않지만, 계약상 여전히 MMM의 크리
에이티브 디렉터 자리에 2015년까지 이름이 올라가
있었다. 단지 그 사람이 없었을 뿐이다. 렌조 로소는
인터뷰에서 MMM에 대해 "우리는 이미 젊은 디자
이너 팀을 가지고 있다"고 밝혔다.

　　　구찌도 이런 방식을 시도한 적이 있다. 형제
다툼 속에서 브랜드 이미지 관리에 실패하면서 거의
나락으로 떨어진 상황이었는데 텍사스 출신의 디자
이너 톰 포드를 영입하면서 재기에 성공했다. 브랜
드 이름은 다시 하이엔드 패션의 대표 중 하나가 되
었고 한때 나돌던 파올로 구찌 같은 형제 간 다툼의
흔적들은 정리가 되었다. 하지만 톰 포드가 2004년
자신의 브랜드를 위해 회사를 떠나자 구찌는 다시
혼란에 빠졌다. 구찌의 모기업인 케링은 당시 인터
뷰나 보도를 통해 네 명 정도의 젊은 디자이너로 팀
을 만들어 구찌를 꾸려나갈 거다, 걱정할 건 없다는
이야기를 흘렸다.

　　　이 실험은 매우 의미심장했다. 프라다의 베르

텔리의 생각처럼 질 샌더 그룹에 밀고 나갈 공고한 이미지가 있다면 이후에는 크리에이티브 디렉터나 수석 디자이너 같은 직책이 딱히 필요하지 않다. 훨씬 저렴한 몸값에 의욕 넘치는 젊은 디자이너 몇 명을 팀으로 엮어서 보다 정확한 마케팅 자료에 기반해 컬렉션을 만들어내는 게 훨씬 컨트롤도 쉽고 경영진이 생각하는 트렌드 리더를 구현하기도 용이하다. 더불어 기업 입장에서는 상대하기 까탈스럽고, 스튜디오 안에서 절대적인 권한을 행사하고, 꽤나 이해할 수 없는 예술가 놀음을 하는 것처럼 보이는 수석 디자이너니 크리에이티브 디렉터니 하는 이들의 영향력을 현저히 저하시킬 수 있다. 이는 사실 사람의 '이름'이 중요시되는 모든 비즈니스 전선에서 경영인들이 품은 숙원이다. 하지만 구찌의 실험은 오래가지 못했다. 신진 브랜드라 할 수 있는 MMM은 그럭저럭 성공했지만 보다 전통적인 이미지의 구찌는 실패했다. 대표하는 네임드가 사라진 후 패션 시장의 심상치 않은 분위기를 케링은 감지해냈고 결국 프리다 지아니니를 여성복, 남성복 총괄 디렉터 자리에 임명하면서 실험을 끝냈다. 사실 그런 전략 자체가 실패일 수밖에 없다기보다는 당시 상황이 아직 설익은 상태였기 때문이었다.

　　이를 질 샌더 그룹에 들어간 라프 시몬스와 비교해볼 수 있다. 비록 당시의 라프 시몬스는 질 샌더

만큼 명성을 가지고 있지 않았지만(아무튼 브랜드의 이름은 라프 시몬스가 아니라 질 샌더다)[4] 어차피 질 샌더의 디렉터가 되었고 '수석' 디자이너에게는 명성과 권한이 뒤따른다. 그리고 역시 나름 유명한 디자이너기 때문에 "아, 라프 시몬스가 만든다는구나" 하는 세상의 공감대가 있다. 하지만 구찌와 MMM의 실험들에는 그런 것이 없다. 이름은커녕 성별도 드러나지 않는 무인칭의 '팀'이 있을 뿐이다. 이런 건 SPA의 전략과 비슷하다. H&M이나 유니클로는 수도 없이 많은 옷을 끊임없이 내놓고 있지만 누가 만드는지는 모른다. 예를 들어 유니클로에서 히트텍을 만들어 성공시킨 건 경영 팀의 아이디어였다고 알려져 있다. 전체를 컨트롤하는 건 어디까지나 경영과 전략 팀이고 디자이너들은 그 명령을 실행한다. 이는 디자이너 하우스만큼의 명료한 개성과 아이덴티티가 필요 없기 때문에 가능하다.

결국 MMM의 이 '팀'은 MM의 이름을 앞에 걸어놓고 MM이 했던 것과 얼추 비슷한 예술적 분위기, 얼추 비슷한 일탈의 느낌을 재현해내고 있다. MM의 초기 컬렉션이 마치 예술품처럼 취급되기도

4　이 이야기는 2011년에 처음 쓰였는데 그 사이 2012년 라프 시몬스는 디오르에 들어가 비로소 최고 레벨의 디자이너가 되었고 2015년에는 앞으로 자신의 브랜드에 집중하겠다는 이유로 디오르를 나왔다. 짧은 시간 동안 많은 변화가 있었다.

했던 기억을 떠올려본다면 이 팀은 '무인칭'의 공동 예술가라 할 수 있다. 디젤의 지원 아래 MMM은 창작자 없는 창작품, 아티스트 없는 아트라는 새로운 길을 걷고 있다. 그야말로 '예술 따위'라는 말이 입에서 나온다. 나아가 이 시도를 통해 MMM은 더욱 자신감을 가지고 흥미로운 활동을 벌이는데, 즉 '이왕 MM이 없다는 사실이 세상에 밝혀졌으니' 하는 기세로 공공연하게 '메종 마르탱 마르지엘라 팀(Maison Martin Margiela Team, 이하 MMMT)'이라는 이름으로 자신의 존재를 드러내기 시작한다.

　　MMMT는 패션 잡지에서 화보를 찍고, SNS로 사람들과 대화도 나눈다. 저편에 아마도 누군가 사람이 있긴 하겠지만 그게 구체적으로 누군지는 별 상관이 없고 함께 뭉뚱그려 MMMT일 뿐이다. 더 나아가 MMM은 H&M과 함께 컬래버레이션 컬렉션을 내놓았다. MMM은 뭉뚱그려 만든 팀이 제작하지만 그나마 '누군가' 있다. H&M은 그것마저 없는 회사다. 누가 만드는지 모르고, 어디서 만드는지도 모른다. 구입자에게는 방글라데시의 스웨트숍(sweatshop)처럼 특별한 이슈가 없는 한 전혀 관심이 가지 않는 정보다. 결국 컬래버레이션의 두 당사자 중 한쪽은 사라진 설립자의 이미지를 확대 증폭시키는 무인칭 공동 자아 인격이고, 또 한쪽은 트렌드의 이미지를 재빠르게 잡아내 확대 증폭시키는 공장형 패션

생산 인격이다. 이미지와 껍질만 가진 두 팀이 함께 무엇인가 '새로운' 것을 만든다.

　　이런 MMM의 상황은 2014년 가을부터 약간 달라졌다. 렌조 로소가 MMM의 오트쿠튀르 분야의 크리에이티브 디렉터로 존 갈리아노를 데려왔기 때문이다. 디오르의 크리에이티브 디렉터로 있다가 유대인 비하 파문으로 자리를 넘기고 패션계에서 멀어졌던 존 갈리아노는 이렇게 패션계로 다시 복귀했다. 아직 오트쿠튀르만이긴 하지만 여하튼 정말 사람이 제작 측을 대표하는 컬렉션이 2015년부터 나오기 시작했다. 하지만 이 실험은 언제든지 다시 시작될 수 있다. 무인칭의 팀이 이끄는 디자이너 하우스라는 건 경영의 입장에서 굉장히 훌륭한 선택지이기 때문이다. 다만 현실화되기에 아직 시기가 완전히 무르익지는 않았을 뿐이다.

　　스승이 제자에게 공방을 물려주는 전통은 거의 사라졌지만[5] 디자이너가 브랜드에 자신의 이름을 붙이는 전통이 계속되는 한, 그리고 이미 붙어 있는 이름의 가치가 사라지지 않는 한(루이 비통이나 디

5　아르마니가 후계자를 임명할 가능성은 있다. 이 이야기는 10여 년 전부터 나왔고 아직 후계자를 임명하고 있지 않지만 여하튼 거대한 아르마니 그룹을 통제하는 건 여전히 조르조 아르마니라는 사람이기 때문이다. 아직 남아 있는 거의 유일한 제왕적 디자이너라고 할 수 있다.

오르 같은 명성을 만드는 데 들어갈 예산이 과연 얼마쯤일지 생각해보라) 이렇게 이름이 섞이는 일은 점점 많아진다. MMM을 존 갈리아노가 만들지만, 존 갈리아노 브랜드는 빌 게이튼이라는 디자이너가 2011년부터 만들고 있다. 헬무트 랑은 자기 이름을 걸고 작품을 내놓으며 예술가로 활동하면서 2014년 말 첫 개인전을 열었지만, 헬무트 랑 브랜드는 유니클로의 모기업인 패스트 리테일링이 구입해 미국-뉴질랜드 커플인 마이클 콜로보스와 니콜 콜로보스가 이끌고 있다. 예컨대 헬무트 랑이 헬무트 랑 매장에 가서 자기는 생각지도 못한 옷을 볼 수도 있다. 점잖고 클래식한 디자이너였던 위베르 드 지방시도 지방시 이름이 붙은 매장에서 리카르도 티시가 만든 외뿔 귀고리를 살 수도 있는 거니까 이제 이런 건 그리 진귀한 일은 아니다.

　　얼마 전 패션 하우스 발렌티노가 카타르 왕족이 소유한 투자 기업에 팔렸다는 뉴스가 나왔다. 발렌티노 본사 앞에는 거대한 로마 시대의 석상이 놓여 있다. 다 부서져 얼굴, 발, 손이 따로 놓여 있는데 그래도 시간을 뛰어넘어 언제나 같은 표정을 하고 있다. 그러나 그 석상이 발렌티노가 바랐던, 화려하지만 하룻밤 꿈처럼 사라져버리는 패션에 영속성을 주는 역할을 하지는 못했다. 1998년 투자자들에게 처음 회사가 팔릴 때 이탈리아 매체에 나와 눈물

을 흘리며 인터뷰를 했던 발렌티노 가라바니는 2007
년 9월 은퇴를 선언했다. 여전히 발렌티노라는 딱지
가 남아 백화점 어느 한 켠 옷들의 등 뒤에 붙어 있는
게 그에게는 나름 위로가 될 수 있을까. 지금도 패션
산업계 곳곳에서는 이름을 두고 벌어지는 실험들이
속속 진행되고 있는데 이게 성공하고 보다 세밀하게
다듬어진다면 고색창연한 장인의 역할과 디자이너
들의 예술가 '놀음'은 사실 필요가 없어진다. 인건비
문제도 있겠지만 컨트롤 측면에서 훨씬 유리하기 때
문이다. 멀지 않은 미래에는 복제된 이브 생 로랑의
두상이 자랑스럽게 놓인 YSL 빌딩 안에서 이제 막
패션 학교를 우수한 성적으로 졸업한 이들이 유니폼
을 입고, 연구소에서 결정된, 이브 생 로랑 로고가 붙
은 값비싼 옷을 만들게 될지도 모를 일이다.

알렉산더
맥퀸의 죽음

디자이너 알렉산더 맥퀸이 2010년 2월 10일 자택에서 목을 매 자살했다. 한창 잘나가던 이 슈퍼스타 디자이너의 갑작스러운 죽음을 두고 많은 이들이 충격을 받았다. 자살한 달에 두 번에 걸쳐 코카인과 신경안정제, 수면제를 다량 섞어서 먹었다고 알려졌다. 사망 원인을 자살로 판정한 맥퀸의 정신과 주치의 폴 냅먼 박사는 "그는 마음의 균형이 온통 뒤틀려 있었다"고 말했다. 자살 원인을 두고 여러 말들이 있었지만 크게 꼽을 수 있는 건 두 가지다. 짧게는 일주일 전 어머니가 사망한 사건이고(그의 시신은 어머니의 장례식 날 밤 옷장 안에서 발견되었다) 길게는 지나친 명성에서 기인한 스트레스와 우울증, 강박 등등의 정신적 질환이다. 경찰은 "내 개를 돌봐줘, 미안해" 이런 이야기가 적힌 쪽지를 발견했고, 2월 중순 시작되는 파리 패션위크에서 선보일 예정이었던 열여섯 벌의 드레스가 남았다.

알렉산더 맥퀸(본명은 리 알렉산더 맥퀸)은 1969년 6남매 중 막내로 런던 루이셤에서 태어났다.

아버지는 스코틀랜드 출신으로 택시 운전을 했고 어머니는 사회과학 선생님이었다. 어린 시절은 스트래포드의 테라스 하우스[1]에서 자랐는데 어렸을 적부터 세 명의 누나를 위한 드레스를 만드는 등 패션에 일찍 눈을 떴다고 한다. 열여섯 살이 되던 해 새빌 로우 거리의 도제 견습공으로 들어간다.[2] 첫 번째 직장은 앤더슨 앤 쉐퍼드 사였으며, 2년 후 기브스 앤 호크스[3]에서 일하기 시작했다. 맥퀸이 기브스 앤 호크스의 고객이었던 찰스 황태자가 주문한 슈트의 안감에 "맥퀸이 여기에 있었다"고 낙서해놓은 일화는 유명하다. 새빌 로우 시절을 거친 후에는 극장 공연용 의상을 만들던 엔젤스 앤 버먼스[4]에 들어갔다. 이렇게

1　옆으로 다닥다닥 붙여 지은, 영국의 노동 계층이 주로 거주하는 일종의 아파트다.

2　런던의 새빌 로우 거리는 1800년대부터 주문 제작 맞춤 의류 업체들이 모여 있는 곳이다. 대표적인 업체로 앤더슨 앤 셰퍼드, 기브스 앤 호크스, 헨리 풀 같은 곳이 있는데 2004년 이 업체들을 중심으로 '새빌 로우 맞춤옷 협회(The Savile Row Bespoke Association)'가 만들어졌다. 이 지역 안에서 1년에 6~7000벌의 고급 슈트가 제작되는데 최근 몇 년간 고급 남성복 시장이 다시 각광받으면서 급성장하고 있다.

3　1771년 토머스 호크스가 설립한 세상에서 가장 오래된 주문 제작 맞춤 의류 회사.

4　1840년 런던에서 설립된 역시 세상에서 가장 오래된 의상 제조 및 공급업체다. 영화, 뮤지컬, 연극 TV에 들어가는 의상을 제작한다. 「그나위스」, 「위대한 개츠비」, 「아라비아의 로렌스」 등으로 지금까지 37개의 아카데미 의상상을 받았다.

도제공으로 몇 년을 지내다가 스무 살에 센트럴세인
트마틴 예술대학에 입학한다. 학생으로 들어갔지만
그동안 현장에서 배운 게 있어서 동시에 패턴 커터
교사로도 일을 했다. 1992년에 석사를 받으면서 졸
업 컬렉션을 했는데 컬렉션 전부를 이자벨라 블로우
[5]가 사갔다고 한다. 당시 유력한 스타일리스트이자
에디터였던 이자벨라 블로우의 권유로 자신의 이름
을 딴 브랜드 '알렉산더 맥퀸'을 시작하게 된다. 이렇
게 데뷔를 한 이후 수많은 인상적인 컬렉션을 남겼
다. 1996년에는 '단테'라는 이름이 붙은 컬렉션에서
로라이즈 범스터 진을 선보이면서 1970년대에 유행
이 지나가버린 로라이즈 팬츠를 다시 유행시켰는데,
이 컬렉션이 맥퀸에게 패션계을 넘어 대중적인 명성
을 가져다준 계기이기도 하다.

이력에서 보다시피 알렉산더 맥퀸은 도제 생
활을 통해 브리티시 전통 테일러링을 익힌 후 학교
수업을 통해 현대 패션을 익혔다. 양쪽을 다 거친 덕
분에 현대적인 감각과 정통 테일러드 룩을 동시에
지닌 패션 디자이너로 성장할 수 있었다. 패션 디자
이너로서 보자면 자기 색이 무척 뚜렷한 디자이너라

---

5   1958년 런던 출신으로 스타일리스트이자 패션 잡지의 에디터
로 일했다. 모자 디자이너인 필립 트리시의 뮤즈로도 유명한데 맥
퀸보다 3년 앞선 2007년에 자살했다.

고 할 수 있다. 원래 패션이라는 게 디자이너만이 가진 독특한 스타일을 구축하고 펼치는 게 무엇보다 중요하겠지만 맥퀸은 그중에서도 특이할 정도로 돋보였다. 그의 패션쇼에는 하얀 드레스에 페인트를 뿌려대는 로봇 팔, 산소 호흡기에 의지해 어항에서 살고 있는 뚱보 여인, 해적선의 유령 등등 예상치도 못했던 것들이 쉴 새 없이 등장한다. 이런 화려한 무대 장치와 퍼포먼스가 옷과 합쳐져 강력한 이미지를 만들어낸다. 이렇게 상상력이 과도한 디자이너들은 굴을 파듯 마이너한 자기 세계만 구축하기 쉽지만 맥퀸은 상업 감각도 가지고 있었다. 즉 내면의 광기니 뭐니 하면서 너무 멀리 가버려 텀블러용 짤방처럼 입으로나 회자될 패션을 만들고 정작 팔리지 않는 아마추어 같은 행동은 절대로 하지 않았다. 그는 자신의 옷을 구입하는 사람들이 누구인지 확실히 알았고 그들이 용납할 수 있는 지점까지만 나아갔다. 덕분에 그의 컬렉션은 무모한 작가주의 함정에 빠지지 않았고 명성과 더불어 상업적인 성공도 만끽할 수 있었다.

또 하나 특징을 들자면 그의 출신인 노동계급의 흔적이다. 해골, 핀 등 펑크 문화의 이미지와 상징을 자신의 패션 세계 안에 집어넣었다. 고급 패션계의 이미지와 패션은 오랫동안 완전히 분리되어 있었지만 1980년대 말, 1990년대 초부터 서로 본격적으로 넘나들게 되는데 맥퀸 역시 이 전환을 이끌어낸 대표적인 디자이너 중 한 명이다. 이런 성과로 인해 1996, 1997, 2001, 2003년 올해의 영국 디자이너로 선정되었고(1997년에는 존 갈리아노와 공동 수상), 2003년 영국 여왕에게 CBE[6] 훈장을 받았다. 최고의 디자이너가 된 거다.

— 하이패션의 진화

하이엔드 패션의 구매 계층은 시대에 따라 달라진다. 예전, 그러니까 귀족과 농노 계급 시대에는 자세히 들여다볼 것도 없이 몰락하지 않은 귀족들이나 좋은 옷을 입었다. 여타 다른 문화 예술 분야와 마찬가지로 그들이 돈줄이었고 그들의 사치와 고귀한 피를 위한 상징적 행위 덕분에 많은 이들이 생계를 이어갔다. 그 외의 나머지 계급은 대개 생존에 급급했기 때문에 패션이라고 할 만한 건 별로 없었다. 여하튼 이런 옷을 입는 자가 대체 누구냐는 질문은 그 사회의 구조를 묻는 질문이기도 하다. 이 최상위 층은 자본주의의 등장과 평등의 시대가 오기 전까지 구성원이 가끔 바뀌긴 했어도 거의 비슷한 수를 유지했다. 그러므로 유난히 평화롭고 부가 넘치던 시기에

---

6   Commander of Order of the British Empire. 대영 제국 훈장은 5등급으로 구성되어 있는데 그중 3등급에 해당한다.

귀족들이 돈을 펑펑 써서 좀 나아지긴 했어도 패션 업계 종사자들의 처지란 내내 고만고만했다고 볼 수 있다.

그러다가 상황이 바뀌기 시작했다. 1차 대전 이후 계급사회가 본격적으로 무너지기 시작했고, 2차 대전 때의 대규모 전쟁은 의류 생산 기법에 기적적인 발전을 가져왔다. 그 전까지는 인구도 적고 그렇게 한꺼번에 옷을 만들 이유도 별로 없었는데 전쟁에 참여하는 군인이 하도 많다 보니 대량으로 물자를 생산하기 위해 여러 가지 절차들이 정돈된 것이다. 2차 대전이 끝난 후에는 이제 비슷한 규모의 전쟁이 일어나면 세상 끝이라는 암묵적인 전제 아래 보다 안정된 생활이 가능해졌고, 여러 가지 과학적 업적(특히 위생) 덕분에 인구가 폭발적으로 증가하기 시작했다. 그럼에도 불구하고 하이엔드 패션은 당장 그렇게 크게 움직이진 않았다. 부자들이 가는 의류점이 있었고, 노동 계층이 가는 의류점이 있었다. 대신 미국과 유럽의 노동 계층이 자기만의 하위문화 만들어내는데 이게 팝, 영화 등의 발달과 함께 자리를 잡고 강력한 영향을 미친다. 시간이 더 흐르면서 하이엔드 패션과 노동계급 패션의 문턱은 더욱 가까워졌다. 특히 1980년대 전문직에 종사하면서 부를 확보하기 시작한 미국 여성들이 하이패션 의류점을 드나들기 시작하면서 고급 의류는 안정된 중산층도 입을 수 있는 옷이 되었다.

이런 변화에 패션업계도 대응한다. 소수의 사람들에게 비싼 제품을 파는 것도 나쁘지 않겠지만 좀 더 다수의 사람들에게 약간 저렴한 제품을 파는 건 몸집을 키울 수 있는 중요한 요소가 된다. 이런 경우 가격대가 꽤 중요해진다. 디자이너 하우스의 품격과 이미지를 유지하면서 대량 소비가 될 만한 적정선을 찾아야 하기 때문이다. 특히 그들만의 리그라는 소수의 고객이 아닌 좀 더 넓은 층을 포괄하기 위해 다양한 취향을 만족시킬 필요가 있었고, 그런 만큼 공급 측에서도 남는 자리가 생기기 시작했다. 고급 소재와 장인 정신의 결합이라는 예전 개념에 디자이너라는 인간의 개성과 예술성이 더 강하게 더해진 것이다. 시장 내에서 어떤 위치를 차지할 것인가, 그러기 위해서는 어떤 식으로 이미지를 만들어야 할 것인가는 이 분야에서 일하는 모든 디자이너가 해결해야 하는 더욱 중요한 과제가 되었다. 이에 발맞춰 단순 구매자와 분리되어 디자이너를 스타 취급하거나, 보다 진지하게 분석하는 팬들도 생겨났다. 존 갈리아노, 칼 라거펠트, 톰 포드, 알렉산더 맥퀸 같은 이들은 연예 가십란의 주요 부분을 장식하는 유명 인사가 되었고, 헬무트 랑이나 후세인 살라얀, 레이 카와쿠보 같은 디자이너들은 예술가 비슷한 대접을 받게 되었다.

이러한 다양성이 극에 달했던 때를 돌아보자

면 바로 1990년대라고 할 수 있다. 1980년대부터 유럽에 진출하기 시작한 일본 디자이너들은 유럽 입장에서 보자면 자기네 옷과 비슷한 걸 만드는 것 같긴 한데 그러면서도 동시에 완전히 다른 패션을 선보였다. 알렉산더 맥퀸이나 존 갈리아노는 예전 노동계급의 옷을 고급 패션으로 소화해내면서 기존 패션이 가지고 있던 틀이 마구 뒤섞여버렸다. 이런 시도들이 사람들의 시야와 관용의 범위를 넓히면서 더 다양한 실험이 난무하는 꽤 재미있는 판이 벌어졌다. 디자이너들은 각자 만들고 싶은 걸 만들고, 소비자들은 각자 사고 싶은 걸 샀다. 그런 상태로 이익을 남겨 브랜드를 키우고 다음 시즌에도 비슷한 행동을 이어나갈 수 있었다. 이런 상황을 주도하던 디자이너 중 한 명이었던 알렉산더 맥퀸은 게다가 빡빡 깎은 머리에 닥터 마틴 구두, 급하고 직선적인 성격으로 '패션 세계의 훌리건', '앙팡 테리블(enfant terrible)' 같은 별명을 가지고 있었다. 이렇게 능력이 출중하고 성격도 까칠한 데다 스타 자질을 잔뜩 지니고 있는 디자이너를 세상이 가만히 둘 리는 없었다.

　　— 패션 제국의 역습

1987년 고급 주류 회사 모엣 헤네시는 패션 회사 루이 비통을 집어삼켜 LVMH라는 회사로 거듭난다. 소위 부유층을 타깃으로 남성–술, 여성–패션이라는 포트폴리오를 구축한 이 회사는 이후로도 여러 유서 깊은 디자이너 하우스를 합병하며 샴페인과 위스키, 고급 가방과 의류에 액세서리까지, 어지간한 부유층이 쇼핑할 때 찾는 제품을 한꺼번에 선보일 수 있는 거대한 제국을 건설해나갔다. 이에 PPR[7]과 리치몬트 같은 비슷한 형태의 회사들도 경쟁을 위해 몸집을 불리기 시작했다. 합병 전선에 나서지는 않았지만 에르메스 같은, 규모가 그래도 있는 회사들은 자사 방어 혹은 미래에 벌어질 전쟁에 대비해 주식을 상장하거나 스위스나 중국의 거부를 오너로 받아들이는 등의 방식으로 체격을 키웠다. 더 최근으로는 유니클로 같은 패스트 패션 브랜드, 소수의 투자자를 모은 사모펀드들도 디자이너 브랜드를 사들이고 있다. 랑방처럼 잘 풀린 케이스도 있지만[8] 브랜드를 사들인 다음 경량화시켜 이율을 높이는 데 치중한 다음 되팔아 브랜드를 거덜 내버리는 사례도 많다.

여하튼 여러 브랜드를 예하에 거느린 거대한 패션 그룹들은 막강한 자본과 브랜드 영향력을 바

7　2013년 케링으로 회사 이름을 바꿨다.

8　대만의 언론 갑부로 알려진 쇼우 란 왕이 소유하고 있는데 크리에이티브 디렉터 알버 엘바즈와 좋은 파트너십으로 랑방의 새로운 전성기를 이끌었다. 하지만 2015년 쇼우 란 왕과 알버 엘바즈 사이에 브랜드의 방향을 놓고 대립이 있었고, 결국 알버 엘바즈가 랑방을 나오게 되었다.

탕으로 까탈스럽고 민감한 부유층과 새로운 고객에게 선보일 더 세련되고 화려한 패션 왕국을 조각해낼 수 있다는 장점이 있다. 이에 따라 각자 그룹에 속한 브랜드 포트폴리오를 가지고 적절한 마켓 포지셔닝을 구성한다. LVMH를 예로 들면 가방은 루이 비통부터 아래로, 옷은 로로 피아나와 디오르부터 아래로 내려가는 위계질서를 구성한다. 이런 큰 그림을 그리는 데는 브랜드 이름이 얼마나 잘 알려져 있는지, 역사는 어떤지, 새로 마케팅하는 데 비용은 얼마가 드는지 등이 고려 대상이다. 루이 비통 가지고는 에르메스 정도의 고급 느낌이 나지 않기 때문에 LVMH는 서류상으로만 남아 있던 소위 로열 패밀리의 브랜드 모이낫을 사들여 재론칭했고, 이걸로도 약간 모자라다 싶었는지 최고급 캐시미어로 유명한 로로 피아나도 사들여 최상급 의류 라인을 확보했다. 이건 마치 미드필더가 약하니 분데스리가에서 잘나가는 누구를 데려오자거나, 한국에 스카우터를 보내 투수진을 보강하자는 식의 프로스포츠 리그들의 움직임과 다를 게 없기도 하다.

　원래 디자이너 하우스가 가지고 있던 패션 세계는 이렇게 되면 별 상관이 없어진다. 예컨대 크리스티앙 디오르나 랑방이 하려던 패션 세계 같은 게 혹시 있을지 모르지만 그런 건 아무런 문제가 아니다. 남은 건 세상이 다 아는 그들의 이름, 그들의 헤리티지, 고고한 이미지다. 이름만 떠돌아다니는 브랜드는 잔뜩 있으니 헤리티지 같은 게 필요하면 시장에서 사들이면 된다. 평등 세상이 찾아온 후 첫 번째로 등장한 디자이너들의 시대가 끝난 다음 과연 이 바닥이 어떻게 될지 사람들이 궁금해 했는데 결국 이런 식으로 미래가 찾아왔다. 예컨대 LVMH나 케링이 인수하지 않았다면 디오르나 랑방, 피에르 가르뎅처럼 브랜드의 이름이 된 사람들이 은퇴했을 때 본인이 지명한 후계자가 자리를 잇거나 아니면 사람과 함께 사라졌을 거다. 하지만 써먹을 곳이 충분히 있는 이름이 패션 세계에서 없어지는 일은 웬만해선 없다. 피에르 가르뎅이나 발렌티노, 지방시가 여전히 세상 어딘가 살아 있다는 건 문제가 되지 않는다.

　　여하튼 이런 식으로 하나의 기업은 디오르-셀린느-겐조-로에베-에밀리오 푸치 등등 라인업을 꾸려 더 큰 전략적 선택 아래에서 크리에이티브 디렉터를 임명하고, 그에 알맞은 소비자 타깃을 확보한다. 기존 이미지에 기대는 경우도 있지만 완전히 세탁해 이전 모습이 어땠는지 전혀 기억나지 않는 경우도 있다(생 로랑이나 지방시, 겐조 같은 경우에는 원래 창립자 디자이너는 아마 상상도 못 했을 패션 세계를 선보이고 있다). 이런 방식은 규모가 있어야 가능하다. 풀 레인지 상품군을 갖추고 있더라도 혼자 운영하는 디자이너 하우스는 이런 전방위적 전략을 이겨내기 어렵다. 특히 면세점이나 백화점 입점 같은 문제에서는 더 큰 현실적인 장벽에 부딪치게 된다. 업체는 인기가 많은 루이 비통을 집어넣으면서 디오르 매장을 같은 층에 들여놓도록 요구한다. 자존심이라는 이유로 가장 넓은 규모의 매장을 요구하고, 안 되면 아예 매장을 빼버린다. 백화점은 매출이 생각보다 안 나온다는 이유로 프라다를 지하층으로 내리는 등 전략 시뮬레이션 게임을 벌인다.

　　　이런 전략은 지금까지는 매우 훌륭하게 작동하고 있다. 수많은 부유층이 호화 디자이너 하우스의 제품을 잔뜩 사들이면서 월급쟁이 고객들을 놔버려도 되는 상황을 만들고 있다. 더 단순하고 디자인에서 너무 큰 모험을 하지 않지만 파격적으로 값비싼 재료를 흥청망청 쓴 제품들이 등장한다. 여전히 불확실성 속을 헤매고 있는 유럽의 럭셔리 산업 매출의 성장률은 하나같이 지지부진하지만, 실제로 2015년 이들 기업의 총 매출을 보면 구찌, 보테가 베네타, 페라가모 등 모두 20퍼센트 이상의 성장률을 보이고 있다. 새로운 시장과 맞춤형 마케팅 덕분이다. 최근 들어 약간 변화의 양상을 보이고 있는데, 말하자면 초거부의 등장이다. 예를 들어 재산이 100억 달러 있는 사람이나 1억 달러 있는 사람이나 둘 다 부자지만 똑같이 루이 비통 매장에서 제품을 사들인다면 100억 달러 있는 사람은 뭔가 억울할 수도 있다. 더 비싸고 더 좋은 걸 사고 싶은데 그런 제품이 없는 거다. 그렇다고 믿을 수 없는 업자가 내놓는 금이나 다이아몬드를 둘러놓은 걸 쓰기에도 품격이 맞지 않는 것 같다. 이런 고객들에 대한 대응책을 놓고 고민하던 패션 대기업들은 오트쿠튀르 라인의 강화라는 결과물을 내놓고 있다.

원래 오트쿠튀르는 보존해야 할 전통문화 중 하나로 취급되면서 프랑스의 오트쿠튀르 협회에 가입해 매년 수작업으로 제작된 화려한 컬렉션을 선보인다. 새로운 오트쿠튀르 라인을 내놓는, 예컨대 돌체 앤 가바나나 이브 생 로랑 같은 곳들은 하지만 그런 절차와 상관없이 자기들끼리 모종의 장소에서 초대장을 소지한 부유층만을 대상으로 컬렉션을 열고 거기에서 팔아버린다. 2015년에 없었던 오트쿠튀르 라인을 다시 론칭한 에디 슬리먼의 이브 생 로랑은 패션쇼도 공개하지 않고 자기가 아는 사람, 알 만한 사람에게만 판매할 거라고 공언했다. 즉 돈이 아무리 있어도 라인에 끼지 못하면 무슨 옷이 나오는지 알 수도 없다. 사라졌던 문턱이 다시 생겨난 거다. 상황을 다시 앞으로 돌리면 1990년대 들어 새로 만들어진 패션 시장의 질서는 이전 업계의 환경과는 많이 다르다. 그리고 이런 새로운 환경은 기존 구성원, 특히 섬세하고 예술적이면서도 장사라는 본질을 함께 지니고 있는 디자이너들에게 버텨내느냐, 도태되느냐, 아니면 아예 관두고 패션업계를 떠나야 하느냐를 결정하도록 압력을 가한다. 톰 포드, 톰 브라운, 프리다 지아니니,[9] 리카르도 티시, 라프 시몬스 같은 사람들은 새로운 환경에 완벽히 적응해 오히려 이런 상황을 이끌어나갔다. 알렉산더 왕이나 조나단 앤더슨, 크리스토퍼 케인처럼 이 체계 안에서 성장해 스타가 되어 하우스에 입성한 디자이너도 나타났다. 하지만 아이작 미즈라히, 크리스티앙 라크르와, 질 샌더처럼 일자리를 잃거나 자발적으로 패션계를 떠나 다른 일을 시작하는 경우도 있다. 산업과 마찬가지로 사람도 재편성된다.

또 한 부류가 있다. 파티나 캣워크를 밟는 셀러브리티용 의상보다 좀 더 진중한 예술적인 옷들을 만들던 디자이너들이다. 발망의 크리스토퍼 데카닌, 마르탱 마르지엘라, 헬무트 랑은 브랜드가 어딘가 팔리고, 지금까지 없었던 새로운 경영진의 압력 같은 걸 견디지 못하고 결국 패션을 등지고 사라지거나 새로운 일자리를 찾아 떠났다. 이렇게 세상 모르고 제 하고 싶은 옷만 만들다 보면 어느덧 설 자리가 사라져버린다. 또한 디자이너의 이름값이 예전보다

9　2006년부터 구찌의 크리에이티브 디렉터로 일했는데 2015년 알레산드로 미켈레로 교체되었다.

중요해지고 그 자신이 스타가 되다 보니 이름이 들어가는 곳도, 책임져야 하는 범위도 커졌다. 예전에는 1년에 봄여름, 가을겨울 두 번의 컬렉션을 만들면 됐지만 요즘은 여기에 리조트(여름), 프리 폴(겨울) 컬렉션도 있고 각종 컬래버레이션 컬렉션도 수시로 있다. 예를 들어 칼 라거펠트는 이런 식으로 운영되는 브랜드를 세 개(샤넬, 칼 라거펠트, 펜디)나 하고 있다. 샤넬의 경우에만 정기적인 컬렉션에서 옷을 60세트씩 선보이는데 결국 1년에 그의 손을 거쳐간 옷만 수백 벌이 나오고 있다.

맥퀸은 결국 그는 1996년 LVMH와 계약을 맺

패션 제국 삼인방이 소유한 브랜드들	
LVMH (파리, 프랑스)	토머스 핑크, 아쿠아 디 파르마, 크리스티앙 디오르, 겔랑, 모에 에 샹동, 크뤼그, 뵈브 클리코, 메르시에, 샤토 디켐, 헤네시, 글렌모렌지, 벨베데레, 아드벡, 불가리 등.
케링 (파리, 프랑스)	구찌, 이브 생 로랑, 스텔라 매카트니, 세르지오 로시, 보테가 베네타, 부쉐론, 로저 앤 갈레, 베다 앤 코, 크리스티, 푸마, 트레튼 등.
리치몬트 (제네바, 스위스)	까르띠에, 반 클리프 앤 아펠, 피아제, 보메 에 메르시에, IWC, 예거 르쿨트르, 아 랑에 운트 죄네, 오피치네 파네라이, 바쉐론 콘스탄틴, 던힐, 몽블랑, 올드 잉글랜드, 퍼디, 클로에, 상하이 탕 등.

고 존 갈리아노의 후임이자 지방시의 수석 디자이너로 들어갔다. 드디어 전통과 명성이 함께하는 본격적인 프랑스 디자이너 하우스의 수장으로 들어간 것이다. 하지만 맥퀸이 지방시에서 선보인 첫 컬렉션은 점잖은 지방시의 고정 팬들을 당황시켰다. 결국 첫 번째 오트쿠튀르는 실패로 끝났고 다음 시즌부터는 숨을 약간 죽일 수밖에 없었다. 특유의 외골수 분위기가 완전히 사라진 건 아니었지만 그가 보여주고 싶은 걸 마음대로 선보였다고는 할 수 없다. 결국 5년간의 계약 기간이 끝나자마자 맥퀸은 지방시를 떠나게 되는데 나중에 그는 지방시가 자신의 창작력을 억압했다고 털어놓기도 했다. 이후 알렉산더 맥퀸 브랜드에 다시 집중하면서 하이랜더 레이프, 위도우스 오브 컬로든, 플라톤의 아틀란티스 등의 이름이 붙은 아마도 그의 패션 역사에 오래도록 기억이 남을 패션쇼들을 선보인다. 캣워크에 페인트 스프레이를 뿌리는 로봇 팔(1999)이나, 난파선(2003), 체스판(2005), 홀로그램(2006) 등 과감한 무대장치에, 선천적 장애로 두 다리 모두 의족을 사용하는 모델 에이미 멀린스를 캣워크에 세운다든가, 조엘피터 위트킨의 작품을 응용한 기괴한 장면을 등장시키는 등 사람들을 놀라게 했다.

　　많은 문화 산업이 그렇겠지만 패션 디자인 업계도 크리에이티브 디렉터나 디자인 디렉터 등 한

명에게 기대는 경향이 무척 크다. 그리고 그가 시장의 기대, 궁극적으로는 매출에 얼마나 부응하는가는 중요한 잣대가 된다. 디자이너의 개성이라 부르는 게 무척 중요하게 취급되지만 소비하는 계층이 넓고 깊어지면서 너무 나가서는 안 되는, 세계적인 트렌드의 움직임을 너무 거슬러서도 안 되는, 가능한 구매층 다수가 원하는 바에 부응해야 하는 일종의 획일화가 요구된다. 사실 시즌 패션쇼를 비롯해 광고 캠페인, 전 세계적으로 동일한 콘셉트의 매장 등 이미지를 만들어내는 데 엄청나게 많은 비용이 소모된다. 고작해야 파리나 그 근교, 나아가 이름이 유명세를 타면 미국과 동아시아에 몇 군데 매장이 생기던 시절과는 규모 면에서 차원이 다르다. 유명하고 능력 있는 브랜드의 얼굴에 해당하는 디자이너가 반드시 필요하지만 그렇다고 그에게 모든 걸 맡기고 필요하다는 대로 돈을 줄 수도 없는 일이다. 실패하는 경우 그 대가가 생각보다 훨씬 크다. 모기업이 예술가의 꿈을 펼치라고 자선 사업을 하는 게 아니니 이런 전략은 매우 세밀하게 기획된다. 유명세를 떨치는 디자이너의 수는 줄어들었지만 그만큼 더 유명해졌고, 이제 더 큰 스트레스와 마주하게 된다.

　　맥퀸은 아마 세상 어디에 던져놔도 출세할 수 있을 일류 디자이너였지만 그의 어깨에 얹힌 짐이 그가 감당할 수 없을 만큼 무거워졌다. 흔히 비싸고

유명한 브랜드 로고만 달고 있으면 싸구려 티셔츠라
도 엄청나게 팔릴 거라고 말들 한다. 하지만 이 바닥
의 경쟁은 그렇게 녹록하지 않다. 구찌 같은 브랜드
도 밑바닥까지 치면서 도산 위기에 몰린 이후에 톰
포드를 데려와 가까스로 회생할 수 있었다. 버버리
도 매출이 뚝뚝 떨어지다가 지금은 애플에 가 있는
안젤라 아렌츠를 데려온 후에야 다시 일어설 수 있
었다. 안젤라 아렌츠는 시장을 면밀히 분석한 후 자
질구레한 이익을 가져다주던 타국의 라이선스 생산
을 정리하고, 버버리의 대표적 이미지이지만 이미
시장에서 고리타분하게 여겨지던 체크 무늬 제품을
대폭 줄였다. 전통이라는 이름이 붙어 있던 버버리
코트도 종류를 다양화했다. 많은 이익을 볼 수 있는
사업이란 당연히 그만큼 더 치열한 것이다. 아무것
도 안 해도 제 뜻대로 돌아가는 곳이 아니다. 소문은
금방 퍼지고, 때로는 치명적이다.

— 대안, 혹은 희생양의 모색

아무리 예쁘고 귀엽고 노래 잘하는 아이돌이라고
해도 몇 년을 계속 보고 들으면 질려버리듯 사람들
의 눈과 몸도 더 화려하고 그다지 일관성 없이 치닫
는 시각적 자극 앞에서 조금씩 지쳐가기 시작한다.
더구나 매년 두 자리 수 비율로 승가하는 매출과 함
께 하늘 높은 줄 모르고 뛰어버린 옷 가격은 월급 따

위 차곡차곡 모아 구매할 수 있는 수준을 넘어서버
렸다. 적절한 조화점을 찾지 못한 이들은 이제 옷은
H&M이나 유니클로에서 타협해버리고 다른 문화
상품을 찾아 나선다. 그럼에도 옷을 보고 입는 게 너
무 재미있고 새로운 시도와 컬렉션을 보고 싶어하는
일군의 무리는 계속 존재한다. 새로운 옷이 들어오
면 헬무트 랑이나 요지 야마모토 매장을 찾아가 두
리번거리고, 너무 트렌디한 아이템들은 몸에 걸치기
부담스러워 하지만 옷에는 관심이 많고, 자신의 생
활과 좀 더 일치하는 패션 디자이너를 찾아 헤매던
이들은 이제 갈 곳이 없어졌다. 그러므로 새로운 대
안을 모색하기 시작한다.

　　패스트 패션 회사들은 적당한 가격대에 마음
에 맞는 옷을 찾지 못해 방황하는 이들이 존재한다
는 사실을 간파해냈다. 그리고 유명 디자이너와의
컬래버레이션으로 이 수요에 대응하기 시작했다. 처
음은 2004년에 나온 칼 라거펠트와 H&M의 컬래버
레이션이었다. 이게 전 세계적으로 대성공을 거둔
다. 이후 맥퀸을 비롯해 베르사체, 미소니, 질 샌더,
랑방 등의 브랜드들이 H&M이나 자라와 손잡고 염
가형 디자이너 컬렉션을 내놓게 된다. 2015년 가을
에는 H&M과 발망의 컬래버레이션 컬렉션이 출시
되었는데 매장 앞에는 줄을 서서 며칠 밤을 새는 캠
핑족이 등장했고 당일 문을 연 지 30분 만에 매진되

었다. 이런 현상은 우리나라뿐 아니라 다른 나라에서도 마찬가지다. 이보다 약간 가격대가 높지만, 럭셔리 제품군과 비교하자면 낮은 가격대인 유럽이나 미국의 오래된 스포츠웨어 회사들도 현대적 감각으로 재무장하고 시장 문을 두드렸다. 특히 스포츠웨어 브랜드들은 마침 다가온 힙합 패션과 스트리트웨어의 재유행, 미국에서 벌어진 메이드 인 유에스에이 운동, 남들은 잘 모르는 소규모 복각 매뉴팩처링(브루클린의 오래된 공장들) 등이 트렌드가 되면서 이 흐름에 성공적으로 편승했다.

　　한편 디자이너로서 자신의 이름을 단 컬렉션 출시를 포기한 이들은 그냥 작은 공방 규모로 사업을 지속했다. 수요가 작지만 공급도 작다. 얼추 이 선이 잘 맞으면 원하는 사람들은 원하는 물건을 구입할 수 있고, 디자이너는 원하는 물건을 만들 수 있다. 이런 노선에는 기존의 유명 패션 학교를 나온 디자이너들과 출신이 약간 다른 사람들이 많이 진입했다. 옛날 같으면 그 도시에서나 알려질 법한 로컬 규모의 작은 회사들이지만 이제는 인터넷이라는 게 있다. 디자이너 이름만 붙어 있지 공장 냄새가 나는 옷들, 아니면 눈이 휘둥그래지는 가격표에 질려서 어느 정도 수준 이상으로 잘 만들어지고 그러면서도 전통과 개성을 무시하지 않는 브랜드를 찾아 세계 곳곳을 뒤지고 다니던 일군의 패션 피플들은 스카르페 디 비앙코, 본토니, 브루클린 테일러스 같은 낯선 이름을 찾아냈다. 이런 흐름은 어느 정도 경제 위기와 지나친 소득 격차, 중산층 붕괴 속에서 생겨난 자국 제조 중심주의와 궤를 같이 하는 것이기도 하다. 이게 과연 옳은 대처 방식이고 실질적으로 도움이 되는가 하는 의심도 있지만 '메이드 인 유에스에이' 인증은 분명 가시적인 흐름이었다. 물론 여기에는 경제가 안 좋아지면서 '이걸 사봐야 돈은 다 중국으로 가잖아!' 같은 좀 섣부른 애국심 고취 같은 것도 한몫을 했다. 아직은 이 작은 흐름이 굳건히 버티고 선 거대한 시장을 전복시킬 수 있을지, 아니면 그냥 이러다 말면서 사라질지 알 수 없다. 바둑이나 장기처럼 한쪽 뜻대로만 돌아가는 게 아니라 상대도 반응을 하므로 수읽기를 해야 한다. 또 LVMH나 케링 같은 거대 럭셔리 기업들이 이런 소형 상점들마저 구매하려 나설 가능성도 있다. 요 몇 년간 신진 디자이너들이 란제리 등 속옷 브랜드로 대거 유입되면서 재미있는 제품들과 과감한 룩북을 내놓았는데 2015년에는 파리와 밀라노 컬렉션에서 란제리웨어가 대거 등장해 그 분야도 시큰둥해졌다. 빅토리아 시크릿 같은 큰 브랜드나 맞설 수 있는 형국이다.

맥퀸의 죽음을 전후로, 그러니까 2010년 즈음의 패션업계는 커다란 변화의 와중이었다. 그리고 지금도 이 변화는 지속 중이다. 하지만 이 업계의 주류, 즉 상부의 디자이너 하우스에 참여하고 있는 사람들에게 맥퀸의 일은 천재의 죽음 이상의 충격은 주지 못한 듯하다. 브랜드 알렉산더 맥퀸의 모회사 구찌는 새로운 디자이너로 맥퀸의 오랜 어시스턴트였던 사라 버튼을 임명했다. 사라 버튼은 윌리엄 왕자의 결혼식 때 부인 케이트의 드레스를 만들며 주목을 받았고 과연 그가 잘 해낼 수 있을까 하며 쏠려 있던 관심에 멋지게 화답했다. 패션업계의 매출액은 중동과 중국을 중심으로 여전히 튀어 오르고 있고, 패션 제국들은 새로운 디자이너들을 찾아 최근 패션상, 신인상, 장학금 제도를 대거 도입하면서 학생 시절부터 싹이 보이는 인재 관리에 집중하고 있다. 변화의 기운은 존재하지만, 아마도 당분간 LVMH나 케링은 이제 막 패션 학교를 우수한 성적으로 나온 총기 발랄한 데다 거대한 꿈을 가졌으며 위대한 도전 의식에 사로잡혀 있는 새로운 수혜자, 혹은 희생양들을 계속 찾아낼 것이다.

톰 포드,
사라지는 패션

패션이 예전에 비해 재미가 없어졌지만 여전히 흥미를 불러일으키는 '뉴스'는 있다. 예컨대 이브 생 로랑에 들어가자마자 브랜드 이름을 '생 로랑 파리'로 야심 차게 바꾼 에디 슬리먼이 과연 그 패기만큼 훌륭한 컬렉션을 선보일 수 있을까, 발렌시아가를 나와 루이 비통에 입성한 니콜라스 게스키에르는 잘 해낼 수 있을까, 역사 속에 묻혀 있다 부활한 모이낫이나 엘자 스키아파렐리 등 헤리티지 브랜드들의 미래 모습은 어떨까, 윌리엄 월데, 쿠도 아츠코, 피비 잉글리시 같은 젊고 야심 찬 디자이너들의 새 컬렉션은 과연 어떤 도전을 보여줄 건가 같은 것들이다.

하지만 그건 모두 뉴스일 뿐이다. 신소재의 사용이나 3D 프린터의 도입 같은 게 있긴 하지만 포장지가 더 화려해진 패션은 최근 들어 계속 예전에 했던 걸 반복하고 있다. 올해는 60년대풍, 올해는 40년대풍, 펑크가 유행하던 시절, 카페 레이서, 빅토리아 시대, 80년대 작업복, 심지어 아방가르드까지 이 모든 게 반복과 복원의 대상으로 쓰인다. 패션쇼가 시작되면 이번엔 어떤 옷을 내놓았나보다 이번엔 '몇 년대야?'가 먼저 떠오른다. 청바지계는 21세기에 등장한 첨단 기술들을 고작 1920년대 쓰던 크라운 지퍼를 복각하거나, 1900년대 이전에 사용되던 천연 인디고 염색을 재현하거나, 1930년대에 쓰이던 셀비지 기계를 가져다 원단 뽑는 데 쓰고 있다. 하이엔드 패션계도 밀도감에서 차이가 있기는 하지만 기본적인 방향은 다를 게 없다. 오트쿠튀르 컬렉션도 실험적인 면에서 지지부진해서 아예 안 하거나 실험 자체에 치인다. 그나마 빅토리아 시크릿이나 아장 프로보카퇴르 같은 란제리 브랜드가 가끔 도전적인 모습을 보여주는 게 위로라면 위로다.

　　그래도 패션에는 언제나 신규 고객이 유입된다. 나이가 들고, 수입이 생기고, 사회적으로 신경 쓸 게 많아지면 '좋은 옷', '멋진 옷'이 필요한 경우가 생기기 때문이다. 누군가 늙거나 죽어서 자리에서 빠지면 누군가 빈자리를 채운다. 패션 산업 자체도 나쁘진 않다. 오히려 잘나가는 곳들은 예년과 비교도 안 되는 호황이고 방송 같은 범 대중매체에서 비중도 높아지고 있다. 최신 유행이라든가 시상식에서 여배우가 입은 옷에 대한 언급이 전혀 새삼스럽지 않다. 인기 드라마에 나온 옷이나 액세서리는 지금도 순식간에 매신된다. 유행 전파는 더 빨라지고 더 광범위해졌다. 꽤 많은 디자이너들이 셀레브리티가 되었다. 예전에는 앙드레 김이나 지춘희 등 디자이너가 사회 저명인사였지만 이제는 젊은 디자이너들이 적극적인 홍보 활동과 함께 각종 행사에 참여하면서 언론에 노출된다. 예능 방송에 나와 전국적인 지명도를 얻기도 한다.

패션을 다루는 방송이 트렌드 세터가 되는 방식을 알려주든, 소개팅이나 파티에서 '너무 멋 부린 거 같지는 않은데 구석구석 신경 쓴 은은한 멋쟁이'가 되는 방법을 가르쳐주든, 그도 아니면 옷이 담고 있는 시대적 언어나 암시를 풀어내든, 또는 이 사회에서 패션이 존재하는 방식을 통해 사회 자체를 들여다보려는 시도이든 사실 큰 상관은 없다. 옷은 영원할지 몰라도 패션은 근본적으로 시즌 안에서 유효한 장르이기 때문이다. 유행가와 운명이 비슷하다. 종종 박물관에 들어갈 옷이 등장하기도 하지만 그건 어디까지나 예외적인 현상이다. 패션은 해당 계절 동안 팔리고, 소비되고, 사라진다. 유행이 더 크고 광범위할수록 다음 시즌에 우연찮게라도 예전 옷을 입을 기회는 줄어든다. 게다가 새로운 유행의 80년대는 진짜 80년대 걸 들고 나오자는 게 아니고, 현 시점의 세련됨이 들어가 다시 조각된 80년대풍 옷이다. 구찌 매장을 가득 채운 채 정가에 팔리던 겨울 옷은 연말이면 진행되는 30, 40퍼센트 시즌 오프 세일이 끝나면 쇼윈도에서 빠져나가고, 올해 초 패션쇼에서 선보였던 내년 여름 옷들이 아직 추위가 가시기도 전에 매장을 채운다. 매장에서 빠져나간 옷들은 자체 아울렛으로 흘러가고, 거기서도 주인을 만나지 못하면 미국 교외에 자리잡은 대형 아울렛을 거쳐 온라인 할인 매장이라든가, 아니면 그저 구찌를 사고 싶은 사람들을 겨냥하는 업자에게 대량 넘어간다. 샤넬이나 에르메스처럼 그런 꼴이 보기 싫어서, 혹은 가격 유지를 위해서(이건 기존 구입자에게 큰 도움이 된다) 불에 활활 태워버리는 곳들도 있다. 결국 제값을 받고 팔리는 기간은 실상 석 달 정도다.

　　사실 듣도 보도 못한 희한한 마법이 들어가 있다고 해도 티셔츠에 새 그림이나 그려놓고 100만 원에 파는 건 나름 웃기는 일이다. 가격이야 일단 파는 쪽이 정하는 거고, 패션이 어쩌고, 트렌드가 어쩌고 해도 그 사실은 변하지 않는다. 물론 놀리기 좋은 것들이 대개 그러하듯 웃김에 반비례해 거대한 히트 상품이 되는 경우는 많다. 특히 요즘 들어 금방 웃을 수 있는 것들은 점점 더 큰 반향을 얻는다. 물론 농담의 주체가 중요하다. 그것이 지방시니까 먹히는 거지, 에잇세컨즈가 코끼리 그림을 그려 넣은 티셔츠를 100만 원에 판다고 내놓으면 그건 농담으로 잘 먹히지 않을 거다. 연예인들이 시상식이나 버라이어티 방송에 나오며, 혹은 항공기에서 내리며 입고 나온 옷들을 비롯해 그 옛날 서태지의 구찌나 신창원의 미소니(이건 가짜로 밝혀졌지만)를 기억해봐도 이슈가 되는 것들은 '이유는 잘 모르겠는데' 시장을 점령한다. 당장 싸이만 봐도 알 수 있다. 의도적으로 블록버스터, 세계에 팔아먹을 거야 하고 외쳐대는 것들은 대부분 제작비를 두고 벌이는 모험이 두려워 클리셰에 함몰되기 때문에 잘 안 풀리는 경우가 많다.

'왜 이렇게 되었느냐'에는 여러 답이 있을 텐데 가장 큰 건 하이엔드 패션이 하위문화를 포섭했기 때문이다. 앞서 말했듯 2차 대전 이후 패션 세계의 가장 큰 변화는 돈 많은 소비 주체의 신분이 섞여버렸다는 거다. 소비자는 다양해졌고, 텀블러 같은 문화에 익숙하고, 인스타그램에 오르는 사진을 보며 동경한다. 왜 저 티셔츠는 100만 원일까 같은 의문은 그러므로 큰 의미는 없다. 같잖은 제품, 복제품과 하이엔드 디자이너 하우스의 제품은 가격 자체가 결정하기도 한다. 팔 능력이 있다면 그렇게 내놓을 수 있는 거다. 그러나 옷이 시간과 공간을 초월한 감상의 대상이 되기는 어려울지 몰라도 패션 그 자체와 산업을 둘러싼 환경은 적어도 한 시대의 시의성과 순간성을 보여주는 암시가 될 수 있다. 그러므로 패션이 재미없다고 느껴진다면 그건 이 시대 자체가 재미없거나, 혹은 다른 게 그대로 있다는 가정하에 나 혼자 재미없거나 둘 중 하나다. 이 장은 이 부분을 천천히 따져보자는 의도로 시작된다.

― 톰 포드, 혹은 후기
자본주의의 패션 세계

톰 포드는 1961년생으로 텍사스 오스틴 출신이다. 어린 시절을 텍사스 주와 뉴 멕시코 주에서 보냈고 예술사를 공부하기 위해 뉴욕대학교에 들어간다. 하지만 1년 만에 학교를 그만두고 더 뉴 스쿨에서 인테리어 아키텍처를 공부하기 시작했다. 당시 뉴욕의 스튜디오 54라는 클럽을 자주 다녔는데 80년대 초반 이 클럽을 중심으로 한 디스코-시대에 거대한 영향을 받았다고 한다.[1] 또한 그곳에서 자신이 게이라고 깨달았다. 학교를 1년 남겨놓고 파리로 가서 패션 브랜드 클로에에서 언론 담당 인턴을 한다. 그저 옷 사진을 여기저기에 보내는 일뿐이었는데 여기서 그의 패션 인생이 시작된다. 학교로 돌아온 후에 패션 공부를 시작하지만 졸업장은 일단 인테리어 아키텍처로 받게 되고, 패션 일을 구하려 하지만 잘 되진 않는다. 당시 매일같이 미국 디자이너 캐시 하드윅[2]에게

1   1970년대 말부터 스튜디오 54 클럽을 중심으로 디스코 클럽 씬이 번성했다. 허슬 같은 춤이 이 시대 유행이었고 디스코-고어들은 비싸고 기발하고 화려한 옷을 주로 입었다.

2   캐시 하드윅은 1933년 서울 출생의 한국인이다. 한국과 일본에서 음악을 공부했고 1952년에 미국으로 이민을 갔다. 1966년 샌프란시스코에서 니트웨어 디자인으로 패션을 시작했고 70년대에 뉴욕으로 진출, 모던 커리어우먼을 위한 컬렉션으로 인기를 끌었다. 80년대에 한 해 2000만 불 정도씩 수입을 올렸다고 한다.

전화를 걸어 일하게 해달라고 조르고 결국 1986년부터 디자이너로 일을 시작한다.

여기서부터 인생이 급변하는데 1988년 페리 엘리스를 거쳐, 1990년 당시 "아무도 입기를 원하지 않는 옷"이었고 어떤 디자이너도 맡으려 하지 않았던 구찌의 여성복 책임 크리에이티브 디렉터로 들어간다. 6개월 후에는 남성복도 맡고 2년 후에는 구두 부문도 맡게 된다. 동시에 향수, 이미지, 광고, 스토어 디자인까지 자리를 넓혀서 1993년에는 구찌의 11개 부문 디자인을 책임지고 있었다. 이후 YSL과 톰 포드가 만들어내는 이야기는 요즘 일이니까 생략한다. 1990년 톰 포드가 들어갔을 당시 구찌는 파산 직전에 처해 있었다. 하지만 2004년 그가 구찌를 떠날 즈음 회사 가치는 100억 불 정도였다. 무명의 디자이너로 발탁되어 15년 만에 회사를 이렇게 만들어놓고 거기에 더해 구찌의 모기업 케링을 LVMH라는 거대 기함에 당당히 맞설 수 있는 라이벌로 만들어낸 톰 포드의 이야기는 당연히 신화가 되었다.

톰 포드의 업적이라면 고급 브랜드를 휘발성으로 만들었다는 점이다. 디스코 레트로의 강력한 영향, 젯 세터(Jet Setter)라는 구찌 고유의 번성하는 이미지 등등을 과격하게 강조하면서 당시까지 잘 만들어졌고 기품 있지만 유행을 만들어가되 좀 더 고고한 입장을 고수하던 디자이너 하우스들이나, 좀 더 저렴하고 쉽게 접할 수 있고 유행에 민감하게 반응하는 두 가지 큰 패션군 같은 것들을 일거에 밀어내버렸다. 톰 포드는 패션에 흐릿하게 남아 있던 영속성의 불길을 완전히 잠재웠고 패션이 혹시 예술 비슷한 건 아닐까 의심하던 식자들에게 "아니야"라는 10조 원쯤 되는 크기의 목소리로 답을 내놨다. 이건 물론 톰 포드 혼자 만들어낸 시장의 모습은 아니다. 큰 회사에서 괜찮은 연봉을 받으며 안정된 생활을 하던 사람들, 음악 등 대중 예술로 갑자기 거부가 된 스타 등등이 최상류층 흉내 내기에 어느 정도 질려가고 있었고 새로운 롤 모델, 스타일 모델을 찾고 있었다. 자신의 처지에 맞는 옷이라는 건 어차피 코스튬 플레이의 일종이고 그렇기 때문에 계층 재편성은 항상 이런 결과를 만든다. 20세기 초중반 기나긴 전쟁이 끝나면서 랑방이나 샤넬, 디오르 같은 디자이너들이 최상층을 차지했고, 이제 유한계급의 시대가 저물어가고 후기 자본주의 시대가 도래하면서 톰 포드 같은 디자이너들이 그 자리를 차지했다.

　　어차피 공들인 세공술이 필요하지 않고, 그런 것들은 OEM 장인의 확보로 커버가 가능하며, 시크하거나 엣지한 이미지가 더 크게 작용한다면, 그리고 그런 것들이 생각보다 큰 수익을 가져온다면 이야기는 시금까지와 달라진다. 패션 산업이 꽤 돈이 된다는 사실이 입증되었으므로 점차 '전문가'들이 이 분야에 진출하기 시작했다. 바야흐로 경영인들이 만들어내는, 경영 마인드 기반의 패션 세계가 시작된 것이다. LVMH처럼 패션, 뷰티, 액세서리, 고급 주류 등 관련 업종을 매집해 만들어낸 기업군도 있지만 대부분 브랜드의 실 소유주가 누구일까 찾아보면 영국이나 싱가포르의 투자은행, 홍콩이나 대만의 부동산 부자, 중국 거부 같은 사람들이 등장한다. 앞서 말했던 랑방도 신문사를 운영하는 대만 사업가가 소유하고 있다. 럭셔리 마케터와 럭셔리 패션 디자이너가 한 몸에 절묘하게 결합되어 있는 톰 포드가 구찌에서 보여줬던 신화를 보고 무명의 디자이너가 만들어내는 대박을 다시 재현하고자 하는 경영진은 크리스티앙 라크르와나 엠마뉴엘 웅가로처럼 이름은 높고, 다루기는 어렵고, 올드한 이미지가 있는 디자이너들을 쳐내기 시작했다. 그리고 90년대 내내 세인트마틴과 파슨스 같은 패션 학교에서 경영진의 기대에 부흥하고, 비즈니스 마인드도 투철하며, 시장의 반응에 명석하게 대처할뿐더러, 스타성마저 갖춘 어리고 패기 넘치는 이들을 찾아냈다.

　　대자본이 투입된 전문 경영인들의 작업인 만큼 방식은 이전 세대와 비교할 수 없을 만큼 정교하고 정확하다. 젊고 야심 찬 디자이너를 구하고, 장인들의 목록을 확보하고, 헤리티지가 필요하면 서류로만 떠돌아다니는 브랜드 하나를 구입한다. 확실한 콘셉트를 잡고 이미지를 만들어 광고를 뿌린다. 최근에는 잡지에 들어가는 지면 광고뿐 아니라 거의 영화에 가까운 동영상도 제작하고, 브랜드가 가진 오랜 전통과 방식을 기사화하거나 다큐멘터리로 제작해 훨씬 멋지게 포장한다. 이는 연예 기획사가 신인 아이돌을 데뷔시키는 과정과 크게 다르지 않다. 품질 같은 건 이미 확보되어 있어야 하는 덕목이고 구체적으로 형성된 이미지, 그리고 그걸 세상에 어떻게 각인시키는가가 중요하다. 이에 맞춰 스토어를 꾸미고, VIP 손님들을 제트 비행기로 데려다 개인 패션쇼를 열고, 패션 잡지 기자들을 초대해 멋진 걸 보여주고 (맛있는 것까지 먹여주면 더 좋고), 연예인들을 파티에 부르고, 사진을 뿌린다. 당연히 돈이 엄청나게 많이 든다. 이런 시대를 탓할 것도 아닌 게 혼자 어느 구석에서 뭐 대단한 걸 만들고 있어도 아무도 모르면 그만이라 별다른 수도 없다. 이렇게 해놓은 후 다음 분기 대차대조표를 기다리면 된다. 결과를 보고 영 안되겠다 싶으면 디자이너를 교체하고, 잘된다 싶으면 더 확대하면 된다. 한류 가수처럼 자국에서는 별 볼일 없어도 다른 나라에서 히트를 치는 경우도 있으니 기업 네트워크를 잘 활용해야 한다. 사실 프로스포츠나 할리우드에서는 수십 년 전부터 해왔던 일이다. 패션이라고 그렇게 하지 못할 이유는 없다.

이 과도기는 길게 이어지는 듯했지만 2010년
대에 접어든 후 어느덧 주변을 둘러보면 이제 절대
적인 힘을 갖춘 디자이너의 시대를 이끌던 사람들은
조르조 아르마니와 칼 라거펠트 둘 정도만 남아 있
다. 둘 다 1930년대생이다.

— 변화에 대처하는 각자의 방식

이렇게 변화한 패션 월드를 보고 어떤 패션 에디터
들은 안타까워한다. 재능만 믿고 돈을 보태준 후원
자들 없이는 불가능했을, 그나마 골방에서 소수의
에디터들만 초대해 공개한 존 갈리아노나 알렉산더
맥퀸의 데뷔 컬렉션을 본 세대가 딱 지금 유수의 패
션지에서 수석 에디터쯤 하고 있으니 그들에 의해
과거가 그렇게 미화되는게 무리는 아니다. 하지만
따지고 보면 그렇게 개탄할 일만은 아니다. 발렌티
노, 피에르 가르뎅이 망했을 때, 지방시가 문을 닫았
을 때, 구찌가 망하기 직전까지 몰렸을 때 누구 하나
이런 문화를 보호해야 한다며 나서지도 않았고(역
사가 오래되었다지만 어쨌든 패션은 비즈니스다),
사람들은 그저 시대가 변하는 데 따라가지 못했고
그래서 안 팔렸으니 망한 거라고 생각했을 뿐이다.
앞의 셋은 경영인이 브랜드를 사들이고 디자이너를
영입해 지금 모습을 만들었고, 구찌도 앞에서 적은
과정을 거쳤다. 지금 보면 로또에 맞은 것보다 나은

결과지만 구찌가 당시 조금만 잘나가고 있었다면 톰 포드를 영입했을 리는 없다.

　　나는 옷을 가지고 장난을 치는 디자이너를 꽤 좋아한다. 예컨대 꼼 데 가르송이나 요지 야마모토, 혹은 헬무트 랑이나 마르탱 마르지엘라, 알렉산더 맥퀸 같은 이들이다. 이들의 묘한 장난은 있는 그대로 즐겁기도 하고 후세에 미친 영향도 컸지만 요즘 패션 세계는 그런 식의 장난을 벌일 여지가 거의 없다. 매년 투자자들이 손익을 확인해서 성적이 좋지 않으면 자리를 내놔야 하는 판에 그런 장난을 칠 위인은 없다. 예전에 했었는데 잘 팔리더라 같은 검증된 장난 정도나 가능하기 때문에 패션이 계속 반복의 굴레 안에 빠져 있다. 한때 이런 게 예술이라고 말하던 시대도 있었지만 요즘 투자은행들은 그런 것에 쉽게 속지 않는다. 존 바바토스 같은 브랜드 정도가 이 사이에서 나름 평화롭게 운영됐었는데,[3] 얼마 전

3　랭글러, LEE, 세븐 포 올 맨카인드, 이스트팩, 잔스포츠, 노스페이스, 반스, 팀버랜드, 노티카 등을 소유하고 있는 VF 코퍼레이션이 사들여 회사의 '예술혼'을 달래는 브랜드였는데 수익 부진을 버티지 못하고 2012년 라이온 캐피털 등 투자회사에 팔렸다. 그러든 저러든 존 바바토스라는 회사와 사람 자체는 음악과 패션 사이에서 문제 없이 잘 살고 있다. 관심이 있다면 옵저버에 실린 다음 글 참조. CBGB는 뉴욕의 유서 깊은 클럽이다. Caroline Tell, "John Varvatos Is Possibly the Only Person Still Making Money from CBGBs," http://observer.com/2014/09/john-varvatos-menswear-cbgbs/

투자은행에 팔리면서 본격적인 전투 현장으로 다시 복귀했다.

그리고 요즘은 장난 자체가 조금 바뀌었다. 하이엔드 디자이너들이 스트리트웨어에 접근하면서 지방시는 티셔츠에 개를 그리고, 질 샌더는 스웨터에 공룡을 그리면서 '비싸지만 편한', '어디서 본 듯한', '스웩(swag)'을 향한다. 스트리트웨어들도 하이엔드에 접근하면서 꼼 데 가르송을 패러디한 꼼 데 퍽다운 같은 브랜드가 인기를 끌고 '편하지만 비싼'을 향한다. 이들은 닿을 듯 말 듯하지만 결국 만나지 않으면서 긴장 관계를 유지할 것이고 어느 시점이 되어 서로가 필요 없어지면 각자 갈 길을 가게 될 거다. 하이엔드는 그림을 좀 더 정교하게 그리면서 평범하지 않은 컬러를 찾아내는 데 몰두하고 있고, 스트리트는 워크웨어나 바이크웨어 같은 다른 카테고리 양식의 이식으로 나아가고 있다. 결국 따지고 보면 패션은 원래 하던 걸 계속하고 있는 거고, 그저 방식과 하는 사람들의 명단이 약간 바뀌었을 뿐이다.

그렇다면 재미가 없어진 이유는 두 가지 들 수 있는데, 하나는 디자이너 하우스에서 만드는 옷 가격이 다시 원래의 자리로, 범접할 수 없는 곳으로 돌아가 버렸다는 거다. 그런 거야 원래 패션의 구경꾼이었으니 사실 큰일은 아니다. 두 번째는 좋아하던 게임 자체가 다른 식으로 변형되었다는 점이다. 다

방구를 좋아하는데 세상이 다 오징어를 하고 있는 꼴인데, '뭐 그런 거야 할 수 없지, 취향을 맞춰야지' 정도로 생각하는 게 아마도 낫겠다. 어차피 옷이란 그런 운명이다. 이브 생 로랑은 "패션은 사라지지만 스타일은 영원하다"고 말했는데 요즘 같은 자가 복제의 시대에 스타일이라고 딱히 뾰족한 수가 있어 보이진 않는다.

잉여의 종말

패션의 관람객으로서 가장 최근에 생긴 재미이자 중요한 사항이라면 바로 사람의 이동이다. 무슨 디자이너가 어디에 갔나, 누가 그만두고 패션을 등지게 되었나 같은 디자이너의 이동뿐만 아니라 심지어 누가 어느 브랜드의 마케팅 디렉터가 되었다든가, 어디에 있는 사모펀드가 저 회사를 샀다더라 하는 것들도 단지 투자자에게뿐 아니라 경제가 세상 천지에 영향을 미치는 상황에서 중요한 뉴스다. 사실 자본주의사회의 기업이라면 이런 일은 흔하다. 그럼에도 특히 패션계에서 벌어지는 이런 일들이 관심거리가 되는 이유는 이런 일이 벌어진 지 얼마 안 되었고, 사람의 영향력이 아직은 큰 편이며 결국 이러한 인적 이동과 변화가 곧바로 다음 컬렉션에 지대한 영향을 미치기 때문이다. 지금까지의 이야기에서 중요한 사실 중 하나는 스트리트웨어와 하이엔드 패션이 서로에게 다가갔다는 점인데, 여기서도 사람은 꽤 큰 역할을 한다. 우선 이들 패션의 두 줄기에 대한 이야기로 시작해보자.

스트리트웨어에 대한 이야기는 뒤에서 VAN에 대한 이야기를 할 때 다시 한 번 다루겠지만 여기에서 간단하게 정리한다. 스트리트웨어라고 총칭했지만 여기에는 일할 때 입었던 작업복부터,[1] 세계대전 때 군인들이 입었던 밀리터리웨어, 서핑웨어, 모터사이클웨어 등 여러 가지가 포함된다. 현재 이런 옷들은 다 전문화, 기능화되어 특수한 역할을 하기 때문에 일반적인 옷과는 괴리가 있다. 예컨대 소방복에는 첨단 방화 기능이 들어 있고, 군복에도 각종 전시 상황을 고려한 첨단 섬유 및 방탄 기능 등이 들어가 있다. 다 훌륭하겠지만 일반 의복으로 사용하기에는 지나치게 무겁고, 비싸고, 번거롭다.

　　하지만 20세기 초반의 기능성 의류들은 이야기가 다르다. 당시의 과학기술로 의류의 대량생산은 가능했을지 몰라도 기능적인 측면에서 보자면 부실하기 짝이 없었다. 그럼에도 튼튼한 옷, 방풍, 방화, 보온 등의 기능은 필요했다. 그래서 짜낸 기술들이 있다. 예를 들어 방풍을 위해 아예 옷에 기름칠을 하거나,[2] 실에 고무 코팅을 한 다음 그걸로 코트를 만들

1　　그냥 데님 멜빵바지만 있는 게 아니라 철도, 광산 등등 다양한 분야의 전문적인 작업복이 있다.

2　　왁스드 코튼(waxed cotton)이기고 한다. 바버나 벨스타프 등에서 모터사이클 라이더, 잠수함 승무원 등을 위해 이런 옷을 만들었고 지금도 왁스드 코튼 의류가 나오고 있다.

었다.[3] 험한 광산에서 몸을 보호하기 위해 코튼을 겹쳐서 만든 데님이나 덩가리 같은 원단으로 옷을 만들었고, 모터사이클 라이더들을 위해 승마 바지 엉덩이에 패드를 넣었다. 지금 보면 부실하기 짝이 없는 기능성이지만 분명 효용은 있었다. 사람들은 그걸 입고 세계 전쟁 같은 걸 하고 석탄을 캤다. 이런 옷들은 하이엔드 패션은 물론 일반적인 옷과도 다르다. 스토리가 있고, 각 부위에 이유가 있고, 발전 단계를 보면 인간이 주어진 재료를 붙잡고 고민하며 발전시킨 전통의 흔적이 남아 있다.

　이윽고 전쟁이 끝나고, 소득이 늘어나고, 서구권 국가에서 적어도 기아에 허덕이는 사람들 숫자가 줄어들면서 하위문화가 등장한다. 1960년대부터, 그러니까 전후 세대들이 10대 후반이 되면서부터 펑크, 매드체스터, 배기, 히피, 모드 등등 하위문화가 본격적으로 등장한다. 록 그룹의 팬덤이나 축구팀 등을 기반으로 한 이런 문화는 노동자계급이 주축을 이뤘고 그들이 입고 다니던 옷으로 만들어낸 스타일을 기본으로 했다. 그렇게 청바지, 군용 파카, 스니커즈, 스웨터 등이 패션 아이템이 되었다.

3　러버라이즈드 코튼(rubberized cotton)이라고 한다. 영국의 의류 회사 매킨토시에서 방수가 되는 코트를 만들려고 처음 써먹었다. 지금은 일본 회사에 매각됐지만 여전히 발매된다.

1980년대 들어서는 보수화가 심해지고 냉전의 틈새에서 갑부들이 늘어나면서 한동안 번쩍거리고 과시적인 패션이 주도권을 잡았다. 그 이후가 현재의 패션에 영향을 미치고 있는 핵심적인 부분인데, 앞서 언급했듯 1980년대 초반 일본 디자이너들이 유럽 패션계에 데뷔하면서 90년대부터 본격적으로 영향을 미치게 된다. 그리고 일본에서 이어져 오던 아메리칸 캐주얼 문화가 있다. 2차 대전이 끝나고 미군이 주둔하면서부터 시작되었으니 나름 오랜 역사를 가진다. 이 문화는 위에서 말했던 초기 형태의 기능복과 거기서 이어진 초기 하위문화 패션을 재생산하고 90년대 이후부터는 정밀하게 복각하는 수준으로 나아간다. 여기서 재생산 부분이 중요한데 이건 서구에서는 이미 끊겨 있던 고리였다. 그리고 일본 패션이나 문화가 서구권에서 유행하면서 조류에 민감한 트렌드 세터, 예를 들자면 그래픽 디자이너, 뮤지션, 스케이트보더나 서퍼 등 거리 문화에 몸 담고 있는 사람들 등등으로 넘어간다. 이런 식으로 셀비지 데님을 비롯해 칼 카니, 필슨, 바버를 비롯해 심지어 오쉬코쉬나 골든 베어, 허큘리스 등 사라졌거나 잊혔던 브랜드들이 재평가되고 재등장한다. 즉 워크웨어, 스트리트 패션의 유행은 거리의 아이들이 노동자였던 아버지나 할아버지가 입던 칼 카니 워크웨어를 추억하며 재등장했다기보다 지구를 빙 돌아 다시 서구에 나타난 거라고 보는 게 맞다.

이런 스트리트웨어의 줄기가 있다면 다른 한 편엔 하이엔드 패션의 줄기가 있다. 패션이 계급별로 분리되어 있던 시절이 지나가고 팝을 중심으로 대중문화가 강력한 영향력을 행사하는 시대가 도래했다. 이는 분리되어 있던 고급문화가 여러 잡다한 것들과 섞이면서 변종 줄기가 탄생할 가능성이 높아졌다는 의미다. 계층도 마찬가지다. 사업으로 갑부가 된 사람들도 있지만 음악으로, 연기로 성공한 노동자계급 출신들이 늘어나고 한데 섞이면서 패션도 마찬가지로 섞이기 시작했다. 이들은 갑부가 되면서 어릴 적부터 입던 옷을 고급으로 바꾸는 게 아니라 어릴 적부터 입던 옷인데 비싼 버전을 찾기 시작했다. 외적으로 보이는 캐릭터가 중요한 이 분야 사람들이, 가령 힙합으로 스트리트의 왕이 되었는데 갑자기 슈트를 입을 수는 없는 노릇이다. 이렇게 스트리트 패션이 비싸질 필요가 생기자 패션 브랜드에서는 이 분야를 잘 아는 디자이너를 크리에이티브 디렉터로 앉혔다. 예를 들어 지방시의 리카르도 티시, 모스키노의 제레미 스콧, 겐조의 오프닝 세레모니,[4] 뮈글러에 있었던 니콜라 포미체티 같은 사람들이다.

---

4   이건 사람은 아니고 팀이다. 캐릴 림과 움베르토 레온 두 명으로 겐조의 크리에이티브 디렉터이기도 하고 뉴욕에 있는 오프닝 세레모니를 운영하고 있다.

　디자이너 하우스로서는 자신들이 지금까지 뭘 했었냐보다 지금 크리에이티브 디렉터나 디자인 디렉터로 앉아 그 브랜드를 이끌어가는 사람이 어떤 아이덴티티를 가지고 있는지, 어떤 분야의 아이콘인지가 더 중요해졌다. 즉 간결하고 명확한 브랜드 이미지를 만들어내기 위해서는 적당한 사람을 찾아 앉히는 게 간단하고 용이한 방법이라는 거다. 그러므로 그 자리에 앉아 있는 사람은, 예전과는 약간 다른 의미로, 매우 중요해졌다. 그 명성과 영향력에 있어, 다음에 나오는 에디 슬리먼과 셰인 올리버의 사례를 살펴보자.

　── 에디 슬리먼과 후드 바이 에어

에디 슬리먼의 삶의 궤적은 예술 분야와 패션 분야 두 개의 층으로 구성되어 있다. 1968년 파리 출생으로 아버지는 튀니지 사람이고 어머니는 이탈리아인이다. 10대가 되기 전에 사진을 시작했고 16세부터 자기 옷을 만들어 입기 시작했다. 에콜 드 루브르에서 예술사를 공부했는데 당시 목표는 저널리스트였다고 한다. 1989년 호세 레뷔의 조수로 패션 일을 시작했다. 그 후 1992년 패션 컨설턴트인 장 자크 피카르트가 아제딘 알라이아, 헬무트 랑, 아이자 미즈라히 등의 디자이너가 참여하는 루이 비통의 모노그램 재해석 프로젝트에 참여하고 있었는데 이 프로젝트에 어시스턴트로 참여한다. 이는 당시까지 의류 라인이 없었던 루이 비통 최초의 옷 프로젝트로 1998년부터 옷을 출시하게 된다.

그는 1995년 이 프로젝트가 끝난 후 피에르 베르게[5]의 발탁으로 1996년 이브 생 로랑의 남성복 디렉터로 임명되었고 다음 해 남성복 아티스틱 디렉터가 된다. 이때 이브 생 로랑 리브 고쉬 옴므 라벨이 나왔는데 이 라벨의 청바지 라인 이름이 생 로랑이었다. 1999년 케링이 이브 생 로랑을 사들였고 에디 슬리먼에게 자체 브랜드 론칭을 권유한다. 하지만 이를 거절하고 뉴 스키니 룩을 내놓으며 대중적 명성을 얻은 2000FW 블랙 타이 컬렉션을 마지막으로 이브 생 로랑을 떠났다. 당시 칼 라거펠트는 대유행을 하던 뉴 스키니 룩을 입어 보겠다고 감량을 시작해 13개월 만에 42킬로그램을 뺐고 이 내용을 『칼 라거펠트 다이어트(The Karl Lagerfeld Diet)』(2004)라는 책으로 내기도 했었다.

그는 클라우스 비젠바흐[6]의 초청으로 베를린

5 이브 생 로랑과 피에르 베르게가 1958년에 만나 1961년에 함께 이브 생 로랑 쿠튀르 하우스를 열었다. 피에르 베르게는 이브 생 로랑의 애인이기도 했고 대표 역할을 하며 이 브랜드의 경영을 담당했다.
6 쿤스트베르크 인스티튜트를 설립했으며, 2015년 현재 MoMA의 책임 큐레이터이자 MoMA PS1의 디렉터이다.

으로 가 쿤스트베르크 인스티튜트에 2년간 머문다. 그곳에서 2002년에는 칼 라거펠트, 게르하르트 슈타이들과 함께 『베를린(*Berlin*)』, 2004년에는 록의 부활을 다룬 『스테이지(*Stage*)』, 2005년에는 펑크에 대한 『컬트의 런던 탄생(*London Birth of a Cult*)』을 차례로 출간했다. 같은 시기 질 샌더의 크리에이티브 디렉터 제안을 거절한 다음 디오르 남성복으로 들어가 디오르 옴므를 론칭한다. 여기서의 컬렉션은 2001FW부터 2007FW까지 만들었다. 이때도 2006년 LVMH에서 자체 브랜드 론칭을 권유했지만 역시 거절하고 2007년 7월에 디오르 옴므를 떠났다.

　　2007년 거주지를 캘리포니아로 이전하고 2009년에는 레이디 가가의 EP 『페임 몬스터(*The Fame Monster*)』(2009)의 표지 사진을 찍었고, 2011년에는 '로스앤젤레스의 신화와 전설(Myths and Legends of Los Angeles)'이라는 제목으로 존 발데사리, 에드 루샤, 크리스 버든, 스털링 루비 등 캘리포니아에서 활동하는 작가들을 모아 개최한 전시의 큐레이팅을 한다. 또한 같은 해 로스앤젤레스 현대미술관에서 자신의 캘리포니아 시절을 담은 사진전 『캘리포니아 송(*California Song*)』을 열었다.

　　그리고 2012년 스테파노 필라티[7]의 후임으로

7　스테파노 필라티는 이브 생 로랑을 나와서 에르메네질도 제냐로 갔다.

이브 생 로랑의 크리에이티브 디렉터가 되었다. 에
디 슬리먼이 이브 생 로랑의 크리에이티브 디렉터로
임명되었을 때 반응은 크게 둘로 나눌 수 있다. 하나
는 "에디 슬리먼?", 또 하나는 "에디 슬리먼!" 따지
고 보면 에디 슬리먼만큼 이브 생 로랑과 연이 깊은
디자이너도 몇 없다. 다만 리브 고쉬 때도 그렇고 디
오르 옴므 때도 그렇고 에디 슬리먼은 이브 생 로랑
이나 디오르와는 전혀 관계가 없어 보이는 옷을 만
들었다. 문제라고 해야 하나 축복이라고 해야 하나
여하튼 이게 매우 인기가 좋고 지금 생 로랑으로 이
름을 바꾼 후 진행되고 있는 펑크와 히피풍 록 스피
릿이 넘치는 컬렉션도 인기가 나쁘지 않다. 사실 남
성복 분야에서 라프 시몬스 등과 함께 새로운 시대
를 만들어냈다고 해도 과언이 아니다. 이름을 뭘 붙
이든, 라벨에 뭐가 달렸든 자기 스타일대로 직진한
다.

　　2015년 들어 루이 비통의 마크 제이콥스나 디
오르의 라프 시몬스 그리고 랑방의 알버 엘바즈 등이
속속 브랜드를 떠나고 있다. 알버 엘바즈는 어떻게
될지 잘 모르겠지만 마크 제이콥스나 라프 시몬스는
자신의 브랜드를 더 키우기 위해서라는 이유를 달았
다. 사실 자신의 이름값이 어느 수준 이상으로 커졌
다고 생각한다면 굳이 루이 비통이나 디오르처럼 아
무리 유명해도 남의 회사에서 남의 명성을 올리는 데

전념할 이유는 없다. 하지만 이런 와중에 역시 비슷한 선택을 할 만한 사람인 에디 슬리먼은 약간 다른 노선을 선택해 이브 생 로랑 오트쿠튀르 라인의 강화를 발표했다. 컬렉션도 '아는' 사람들만 불러서 하고 심지어 판매도 '아는' 사람에게만 하는 브랜드 중심의 스몰 월드다. 그러면서 제품을 고급으로 만드는 시대는 끝이 났고 이제 남은 진정한 럭셔리는 사생활이라는 의미심장한 말을 했다.[8] 앞으로 디자이너와 디자이너 하우스 계열이 나아가게 될 방향은 이 두 가지 정도가 될 거다.

한편 후드 바이 에어의 셰인 올리버는 1988년 미네소타 출신이다. 이스트 뉴욕에서 하비 밀크 고등학교를 다녔는데 이 학교는 "입학에 제한은 없지만 게이, 레즈비언, 바이섹슈얼, 트랜스젠더, 그리고 그 외 혹은 자신의 성 정체성에 의문을 가진 어린 학생들을 위해" 1985년 설립된 학교다. "그 외"라는 항목이 중요한데 고등학교 시절부터 다양한 성 정체성을 가진 친구들 속에서 생활을 했고 그런 인식 기반

---

8   '야후! 스타일'에 실린 다음 인터뷰 기사 참조. Dirk Standen, "Hedi Slimane On Saint Laurent's Rebirth, His Relationship With Yves & the Importance of Music," 2015. 8. 25. www.yahoo.com/style/exclusive-hedi-slimane-on-saint-laurents-126446645943.html

속에서 그의 패션은 기본적으로 '젠더리스(gender-less)', 즉 성 정체성 표시를 무의미하게 취급하는 쪽으로 향한다. 뿐만 아니라 입는 사람의 피부색, 인종, 성별 등등도 무관한 옷을 만드는 걸 기조로 한다. 기존 비즈니스 관점에서는 타깃이 불분명하다고 볼 수 있겠지만, 반대로 생각하면 그런 라이프스타일을 고수하고자 하는 이들을 위한 옷이기도 하다.

아무튼 10대 시절인 2006년에 '후드(Hood)'라고 프린트한 티셔츠 몇 장으로 자신의 브랜드를 시작하고 브랜드 이름은 '후드 바이 에어(HBA)'로 정한다. 당시 제작한 제품들을 브루클린의 베드퍼드스타이베선트와 프로스펙트 하이츠 지역을 중심으로 판매하면서 뉴욕의 언더그라운드 문화와 만난다. 이후 뉴욕 대학교와 패션 인스터튜트 오브 테크놀로지(FIT)를 잠깐 다녔지만 중퇴하고 첼시의 해피 밸리 같은 클럽에서 프로모터 생활을 시작했다. 그러면서 게토고딕 하위문화를 중심으로 디제이와 클럽 라이프가 섞인 패션 브랜드가 되었다.

그는 자신의 옷에 대해 펑크 시절의 로고 문화와 90년대 말 자신이 살았던 지역에서 유행하던 후부, 에니시, 에코 등 힙합 브랜드의 영향을 받았다고 말한다. 오버사이즈 티셔츠, 커다란 로고와 그래픽, 데님이나 면처럼 흔한 소재도 동종에서 가장 고급이고 비싼 제품을 찾아 쓰는 방식이다. 더불어 헬무트

랑, 라프 시몬스, 발터 반 베이렌동크 같은 디자이너
브랜드에서 받은 영향을 뒤섞었다. 에이셉 라키와
리안나 등 팝 스타들이 HBA를 입으면서 더욱 유명
해졌고 2013년 2월에 있었던 뉴욕 패션위크에서는
칸예 웨스트와 테렌스 고, 니콜라 포미체티 같은 사
람들이 패션쇼 관람석 맨 앞자리에 앉았다. 그리고
2014년 파리 컬렉션에 진출해 꽤 좋은 작업을 보여
줬다.

　　셰인 올리버는 게토고딕을 대표하는 디자이
너 중 한 명이다. 게토고딕 씬에는 셰인 올리버 외에
도 브이파일스와 디제이 비너스 엑스, MADE 패션
위크 같은 몇 개의 축이 있다. 게토고딕은 크게 보
자면 '펑크＋고딕＋힙합'으로 스포츠, 어번, 인터넷
인스파이어드 패션, 모델 숀 로스, 모터크로스(오
토바이로 하는 크로스컨츄리), 인디언 전통 장식,
BDSM, 하라주쿠 걸, 개 목줄, 트랙 팬츠, 브랜드 로
고가 크게 적혀 있거나 강렬한 프린트의 스웨트셔
츠, 크롭 탑, 빈디(인도 여성이 이마에 붙이는 점),
레이싱 재킷, 디 안트워드(남아공 힙합 그룹)가 유
행시킨 불투명한 콘택트렌즈 등의 키워드로 정리할
수 있다. HBA는 이 모든 걸 한데 뭉뚱그리고 있는데
마치 텀블러 같은 게 그대로 패션과 파티가 되어버
린 듯한 모습이다.

　　과연 게토고딕이 더 영향력이 큰 문화가 될지

아직은 알 수 없다. 하지만 원래 패션이라는 건 그저 멋지고, 멋없고, 어울리고, 안 어울리고 같은 단순 분류가 아니고 이렇게 문화 조류와 함께 가야 하고 그래야만 한다. 이를 통해 더 큰 영향력을 미칠 수 있고 보다 확고한 자리를 잡을 수 있다. 그러면서 비슷한 취향을 가진 다른 분야의 아티스트와 상호 교류하며 영역을 넓히고 자리를 잡는다. 이런 게 원래 현대에 들어 패션이 자리를 잡는 전통적인 방식이라고 할 수 있다. 하지만 새로 탄생하는 문화도 드물고 계속 레트로만 반복되고 있기 때문에 이런 식의 패션을 보기가 어려워졌다. 물론 셰인 올리버의 패션도 그렇고 게토고딕도 그렇고 가까운 과거의 유산에서 몇 가지를 골라낸 다음 자신만의 스타일로 합쳐낸 거라는 한계가 있다. 그럼에도 지금까지의 행보만 가지고도 다음 발걸음이 어디로 향할지 주목할 만하다. 일단은 셰인 올리버도 파리 패션위크에 진출하면서 컬렉션의 폭을 넓히고 있다. 어쨌든 게토고딕의 코어한 부분에서 벗어나 좀 더 대중적인 취향을 담고 있는 슈프림이나 파이렉스, 나이키나 아디다스의 과감한 몇 가지 시리즈, 그리고 겐조나 지방시, 알렉산더 왕과 스텔라 매카트니를 구입해 입는 사람들과 같은 축에서 나아가고 있다고 보면 된다.

— 경쟁의 시대

많은 사람들이 「오로라 공주」와 「에반게리온」을 보며 어리둥절해 한다. 하지만 또 많은 사람들이 그런 작품에 몰입하고 높은 시청률 또는 장기간의 연작 상영과 각종 컬래버레이션 제품의 등장을 가능하게 한다. 그렇지만 단지 드라마에서 사람이 계속 죽어 나간다고, 작품에 알듯 말듯한 수수께끼가 가득 차 있다고 해서 사람들이 그걸 보는 건 아니다. 즉 사람을 끌어들이는 낚시는 수수께끼나 죽음 그 자체가 아니다. 패션도 마찬가지다. 단지 거지 같은 걸 주렁주렁 달고 있다고 시대를 선도하는 실험적인 패션이 되는 건 아니다. 그 디자이너가 지금까지 쌓아왔던 것들, 사회의 흐름, 패션계의 상황 등 많은 것들의 영향 안에 있고 그 안에서 유의미한 것들이 주목받고 미래에 영향을 미치는 실험이 된다. 예전의 고풍스러운 디자이너들은, 장사를 하는 사람들은 보통 그렇지만 어떤 종류의 논쟁에서도 가운데 서는 걸 그다지 선호하지 않았다. 하지만 지금은 까칠한 인간이 인기가 좋다. 생 로랑의 에디 슬리먼은 자신의 컬렉션을 비평한 『뉴욕타임스』와 논쟁을 벌이면서 해당 에디터의 컬렉션 취재를 금지시켰는데 이때 논쟁으로 사실 더 많은 걸 얻었다. 자고로 안 좋은 홍보는 없는 법이다. 시간이 지나고 나면 결국 언젠가 들어본 적 있는 유명한 이름이라는 사실만 남는다.

　　이런 식으로 경쟁이 격화되면 야심만만한 이들이 살아남는다. 1980년대 루이 비통 가문의 앙리 라카미에는 합병 이후 갈등하던 모엣 헤네시의 알랭 쉬발리어를 물리치기 위해 베르나르 아르노의 협력을 구했지만, 결론적으로는 아르노가 앙리마저 쫓아내고 LVMH를 점령했다. 사실 이 결과는 지금 LVMH의 거대한 모습을 만드는 데 일조했기 때문에 일방적으로 평가를 내릴 수는 없다. 게다가 뭐든 이용하기 나름인 게 루이 비통이 2차 대전 기간 나치의 프랑스 점령 시절 비시 정부에 협조하고 필리프 페탱에게 돈을 대며 막대한 부를 축적했다는 문제가 불거진 적이 있다. 그때 "이건 루이 비통이 패밀리 비즈니스였던 오랜 옛날의 일이고 지금 루이 비통은 현대적 기업의 일부일 뿐"이라며 선을 훅 그어버리는 데 큰 역할을 했다.

　　디자이너들도 마찬가지다. 한가하게 경치 좋은 별장에 앉아 다음 시즌에는 뭘 하면 재미가 있으려나 같은 신선 놀음을 할 만한 상황이 아니다. 사람들이 강력한 이미지에 익숙해지면 반복되는 강력함에 시시한 기분을 느끼게 된다. 반복과 자극은 중독을 부르고 만족을 위해서는 더 강한 자극이 필요하다. 예를 들어 3부에 나오는 케이팝 패션이 그렇다. 그러다 보니 더 강력한 이미지가 나오고, 더욱더 강력한 이미지가 나오고 하는 반복이 계속 이어진다.

자극적인 케이블 방송국의 예능 프로그램을 보다가 지상파 예능 방송을 보면 어딘가 시시하고 지루하게 느껴지는 것과 같은 이치다. 그러나 새로운 자극을 만들어내는 건 위험하니 대신 레트로를 가공해 강력하게 만든다.

　　지금 시대는 야심만만한 디자인 스쿨 졸업생의 졸업 컬렉션을 브라운스 같은 유명 편집 스토어가 몽땅 사가는 게 아니다. CFDA나『보그』, LVMH에서 장학금을 받고, 도나텔라 베르사체 같은 디자이너의 팝업 컬래버레이션을 제안받고, 그러는 와중에 이미 유명해져서 케링 같은 곳의 투자를 받아 브랜드를 론칭하거나, 주인이 없어진 고급 브랜드의 크리에이티브 디렉터가 되어 들어가는 거다. 물론 딱히 이제 다 끝났으니 잊어버리자는 것도 아니고 혹은 그래도 설마 기대되는 패션의 미래 같은 게 있다는 의미도 아니다. 오히려 이런 반복 속에서 양쪽 다 지지부진하게 별 볼일 없어지며 먼 나라 이야기가 되고 있다는 게 지금 상황에 가깝다.

　　그저 평범한 다수의 사람들도 패션을 소비하고 리드할 수 있었던 짧았던, 하지만 나름 꿈과 희망이 넘치는 즐겁던 시절은 아마도 거의 끝났다. 잉여와 초과의 즐거움이었고 이제 바야흐로 원래 자리로 돌아가는 거니 굳이 아쉬워할 건 없다. 하지만 유니클로식 표준 복장이 완전히 자리를 잡아 모든 인류

의 옷에 대한 고민을 지워주며 다수의 인류를 쓸데
없는 지적질로부터 구원해낸다고 해도 옷을 즐기는
사람들은 나온다. 똑같은 군복을 나눠줘도 광을 내
고 다림질을 해가며 자신만의 미묘함을 만들고 뽐내
는 게 또 인간의 삶이다. 명백한 한계는 사람을 안으
로 파고들게 만들고, 디테일은 더욱 도드라지고 강
력해진다. 2차 대전 때 수용소에서도 포로들은 지급
받은 포로복을 자신에게 맞춰 변형해 입었고, 적어
도 자기들끼리는 알아보았다. 인간이란 그럴 수 있
다는 게 좋은 점 아닌가.

2부
옷은 어떻게
유의미해지는가

패션 vs. 패션

스타일과
코스프레

옷이야 그냥 입는 거고 의식주 중 하나로 문명 안에서 사는 인간의 필수품 3종 세트에 속해 있지만 그걸 다루는 주체의 측면에서 볼 때 몇 가지 범주로 나눠볼 수 있다. 예를 들어 스타일과 코스프레[1]로서 옷이다. 물론 다른 방식의 분류도 가능하겠지만 여기서는 일단 이 두 가지로만 나눠본다.

　　우선 스타일이라는 단어가 패션에서 사용되는 방식을 말해보자면 '옷과 삶이 일치되어 연동되는 상태' 정도로 말할 수 있다. 패션 디자이너 이브 생 로랑이 "패션은 사라지지만 스타일은 영원하다"는 말을 한 적이 있는데 여기에 사용된 스타일이 같은 의미다. 이건 단지 옷뿐만 아니고 음식이나 건물 등에 광범위하게 걸쳐 있는 취향, 심지어 행동 방식까지 포괄한다. 달리 말하면 취향을 가꾸고 가지게

1　정확히는 '코스플레이(Cosplay, Costume + Role Play)'에서 나왔지만 일반적으로 코스프레(コスプレ)라고 사용하고 여기에서도 이 단어를 쓴다.

된 한 사람 그 자체라고 할 수 있다. 인간의 생김새가 모두 다르고 생각이 모두 다르므로 선택과 그 결과인 스타일도 다르게 나타난다. 그러므로 겉을 보고 사람 자체를 추론해보는 역추적도 이론상으로는 가능하다.

최근 몇 년간 이 단어는 과하게 사용된 면이 없지 않다. 마치 세상 문제를 다 해결할 수 있을 듯한 광범위한 의미를 가지게 되었다. 단어가 의미하는 바가 너무 커진다는 건 아무 뜻도 없다는 것과 마찬가지다. 특히 남성 패션, 더 정확히 말해 남성 패션 소비 쪽이 폭넓은 성향에 맞춰 커지면서 이런 면이 두드러졌다. 그 이유를 따져보자면 자신이 그렇게 패션 감각이 있는 것 같지는 않지만, 그래도 요즘 유행한다는 옷을 똑같이 입는 클론이 되고 싶지는 않고, 그렇다고 지나친 모험으로 튀고 싶지도 않지만, 최소한 어디 가서 옷 못 입는다는 이야기는 듣고 싶지 않은 복잡한 심정을 지닌 우중충한 복장의 한국 남성들에게 제시된 마법 같은 키워드였기 때문이다. 뭘 해도 그건 나만의 스타일, 이래 가지고는 역시 아무 의미가 없다.

사실 이 단어는 약간 혼동되어 사용되고 있다. 스타일이 마법의 단어라는 전제하에, 그렇다면 '어떻게' 스타일이라는 걸 만들어낼 수 있느냐고 물어볼 수 있다. 이에 대한 해답은 자신과 옷 그리고 세상에 지대한 관심을 가지고 아주 구석구석까지 사유하고 경험하며 일관적인 태도를 완성해나가는 거라 할 수 있다. 하지만 이런 걸 구현하는 건 잡지에 나오는 넥타이 매는 법을 외우는 것보다 훨씬 어렵다. 사유와 경험을 한다고 완성이 될지도 미지수다. 그러므로 그 다음 단계의 제안으로 점프를 하게 된다. 즉 세련된 스타일을 구현했다고 평가되는 사람들(잡지에 나오는 건 보통 스티브 매퀸, 제임스 본드, 윈저공 등등이다)이 옷 입는 방식을 그대로 가져오는 거다. 보통 '옷을 잘 입는다'라는 말이 캐주얼한 옷을 아무렇게나 걸쳐 입고 다니는 행동에 대한 반감에서 비롯되었으니 소위 '갖춰 입는다'에 나오는 룰을 알려주는 거다. 이런 건 대부분 클래식이고 '원래 이렇게 입는 건데 너희들이 그러지 않고 있다, 고로 창피한 줄 알아라'로 연결된다.

물론 자신을 드러내는 방식이 꼭 고전풍이 될 이유는 전혀 없다. 그렇다면 왜 고전풍인가 생각해보면 웬만큼 완성되어 있는 타입이라 이론의 여지가 없고 매뉴얼이 확실하다는 점을 들 수 있다. 즉 응용이 필요 없으므로 창의력이 개입할 여지가 적다. 뒤에 나오는 VAN의 설립자 이시즈 겐스케도 이와 비슷한 이유로 아메리칸 캐주얼을 선택했다. 또 스타일이라는 건 옷뿐만 아니라 구두, 액세서리, 가는 장소, 노는 방식까지 일체화를 추구하는데 그렇게 일

관성과 통일성을 가지고 폭넓은 제품군을 가지고 있
는 브랜드가 주로 오랜 역사를 가진 곳이기 때문이
기도 하다. 혼동은 여기서 생겨난다. 스타일-클래식
으로 이어지는 이 고리는 오히려 상황 적합적인 의
상 착용, 즉 코스프레에 가까운 방식이기 때문이다.
즉 스타일을 가꿔야 한다고 말만 하고 옷 잘 입는 어
떤 사람을 코스프레한다. 물론 자기 생각과 삶의 태
도가 스티브 매퀸과 똑같고 그의 삶의 방식을 추구
한다고 주장할 수도 있다. 하지만 이래 가지고는 '남
과 다름'을 차곡차곡 쌓아가는 게 최고의 모토인 스
타일의 기본 태도와 이미 어긋난다.

　　아무튼 이제 막 패션 쇼핑의 세계에 들어선 남
성들에게는 좋은 품질의 참고서가 필요했고 업계는
정체되어 있던 패션 시장에 등장한 새로운 고객군을
환영할 채비를 갖추기 시작했다. 예를 들어 롯데 애
비뉴엘과 신세계 본관, 코엑스 현대백화점 등이 리
뉴얼하면서 남성 패션 영역이 대폭 확대되었다. 또
한 패션 분야 판매자와 의사소통에 어려움을 겪는
많은 한국 남성들을 위한 매뉴얼들도 잡지나 인터
넷 등에서 계속 소개되었다. 하여 지난 몇 년간 새로
운 남성 잡지들이 대거 등장했다. 위 세대가 이 분야
에 대해 딱히 가르쳐줄 게 없는 상황에서 책보다 좋
은 스승은 없다. 남성 고객들은 특히 고가 제품에 대
한 높은 매출 성장률, 그리고 유니클로나 자라 같은

SPA 매장에 성큼성큼 찾아가는 걸로 관심에 보답하고 있다.

　"스타일은 영원하다"의 문구에 나오는 스타일은 남녀 공히 사용될 수가 있는데 사실상 주로 남성복에만 적용된다. 여성복에서는 클래식 복식의 현대적 응용이라면 몰라도 그대로 복각하는 게 유행으로 등장할 가능성이 매우 낮아 보인다. 이건 양쪽 패션의 발전 정도, 익숙함 그리고 성향의 차이 등이 반영되어 있다고 하겠다. 하지만 남성 포멀웨어의 경우 세계대전을 거치면서 나폴레옹시대의 군대 의류가 변화하며 자리를 잡았는데 그 이후 핏의 유행과 소재에 따른 변화, 복잡한 복식의 간략화 정도만 있지 크게 달라진 게 없다. 그러므로 일단 정답이 뭔지 궁금해하는 이들에게 클래식은 아주 좋은 해결책이다. "난 저게 별로인데?", "난 저게 좋은데?" 식으로 뭔지 잘 모르겠는 모호한 패션이라는 세계에 비해 완성도에 따라 평가하기가 훨씬 쉽기 때문이다.

　　이렇게 명확한 표본이 있고 고만고만한 것들을 가지고 멋을 내는 행위에 참여하다 보니 디테일 중심주의로 과도하게 치우치는 경향이 생긴다. 자신의 인생을 담는다니 뭐니 하지만 인생이 담기는 것은 거의 브랜드, 사실은 가격 정도지 다른 게 있기가 어렵다. 삶에 대한 자부심 운운은 슈트의 가격 이야기다. 평생 사용할 생각을 하고 고심 끝에 구입한 고

급 벨트뿐 아니라 빳빳하게 다림질한 셔츠, 곱게 접
혀 꽂혀 있는 포켓 스퀘어도 결국은 다 비용으로 환
원된다. 여하튼 그 가격을 감당할 수 있다는 게 꽤 많
은 걸 의미하기 때문이다. 로고 표시가 없어도 그게
뭔지 서로 넌지시 알아주는 등 요식행위가 주는 즐
거움도 무시할 수 없다. 즉 표준적인 양식 자체나 그
존재 이유에 대한 숙고도 부재한 마당에 그걸 뛰어
넘어 자신의 스타일을 만든다는 둥 할 기제는 거의
없다. 그리고 비싼 슈트가 이런 요식적 동기라도 부
여해준다면 그걸로 효용은 충분하다. 결국 문제점
은 스타일을 추구한다고 나섰지만 코스프레가 돼버
리는 거다. 요 몇 년 전에는 이게 고착화되면서 감색
클래식 슈트, 롤업한 바지, 갈색 옥스퍼드 구두, 린넨
포켓 스퀘어, 거기에 포마드 등등 꽤 정형화된 형식
으로 일부 젊은이들의 인기를 끌기도 했다. 매우 전
형적인 코스프레식 옷 입기다.

　　　의식을 하든 하지 않든 누구에게나 스타일이
라는 게 있다. 또한 고수하고 있는 삶의 방식을 다듬
는 과정과 결과를 일컫는 개념이기 때문에 그게 꼭
패션으로 나타나라는 법도 없다. 일본의 경우 익숙
하지 않은 서양 옷이 유입되고, 전후 가난이 극복되
면서 살 만해지고, 이에 따라 세계시민으로 활동하
며 놀림감이 되지 않기 위해 구색을 갖춰야 하는 시
점이 있었다. 이때 VAN의 이시즈 겐스케가 상황에

맞는 옷 입기라는 T.P.O²라는 개념을 처음 제시했다. 하지만 그도 노년에는 패션에 별로 관심이 없어졌다고 말하며 어떻게 노느냐가 더 중요하다는 이야기를 했다. 즉 스타일의 완성에 있어서 패션은 필수 요소가 아니고 어느 지점에 도달하면 버려질 수도 있다. 이런 설명은 마치 젠(Zen)이라든가 돈오(頓悟)라든가 하는 것과 비슷하게 들리기는 한다. 뭔가 입어야 하는데 "저것이 저기 있으므로 입겠다"라는 것도 삶의 방식이 옷의 선택과 연동되어 있다고 할 수 있다. 이 역시 스타일이다. 이런 식으로 적용되는 경우가 많이는 없겠지만 말하자면 이시즈 겐스케의 노년이 비슷한 상태였다고 볼 수 있다. 결국 스타일은 일종의 태도이자 지향점이고 이상향이다.

― 스타일의 대척점, 코스프레

코스프레 역시 이 글에서 이해를 돕기 위한 개념 분류 아래 한정적으로 사용하는 임시 용어이고 스타일과 대척점에 있다. 원래는 취미 등의 일환으로 캐릭터를 따라 하는 걸 주로 뜻하고 특히 본래적 의미의 코스프레는 성격이나 버릇 등 캐릭터의 특성을 모사하는 비중이 크다. 하지만 여기에 쓰이는 코스프

2　시간(Time), 장소(Place), 경우 또는 상황(Occasion)의 약자다. 다음 장에 나오는 VAN 이야기 참조.

레에서는 그런 특정 대상이 없고 사회의 암묵적인
룰 자체가 모사의 대상이라고 할 수 있다. 즉 일종의
룰을 따라가는 옷 입기를 말하는데 촘촘한 사회망
안에서 현대적인 삶의 영위를 위해선 '적절한 복장
(costume)'을 선택하고 그 효과를 극대화하기 위한
'연기(play)'를 해야 한다. 그렇기 때문에 목적 지향
적이다.

　　보통 T.P.O는 관혼상제 혹은 공식적인 이벤트
에 맞춰져 있다. 하지만 데이트를 위해 잡지에 나온
예들을 보며 적절해 보이는 옷을 고른다든가, 탐탁
지 않은 마음으로 참가하는 집안 행사에 입을 옷을
정석대로 선택한다든가, 비즈니스상 커다란 거래를
앞두고 좀 더 강인하고 믿음직스러운 인상을 심어주
는 옷을 고른다든가, 혹은 즐거운 마음으로 건담에
나오는 인물을 따라 입어본다든가 하는 건 모두 시
간과 장소, 상황에 맞는 옷을 고르는 행위이고 자신
의 스타일에서 발아한 게 아닌 이상 일종의 코스프
레다. 즉 세간에 알려진 표준 방식이 있고 그것을 따
른다. 심지어 '옷을 잘 입는' 패션 리더도 흉내와 모
방으로 만들어낼 수 있다. 일반적으로 자신의 스타
일, 캐릭터를 확실히 갖춘 경우에 옷을 잘 입는다는
수식어가 붙는데, 코스프레형 패션 리더는 이러한
트렌드를 매우 빠르게 이해하고 따라가는 경우라 그
출발은 약간 다를지 몰라도 제대로 한다면 적어도
외관으로는 구별하기 어렵다.

곰곰이 따져보면 현대인의 패션은 거의 다 코스프레다. 이는 코스프레가 나쁘다거나, 스타일에 비해 하위 방식이라는 의미가 아니다. 감색 양복은 신뢰감을 준다느니, 혹시 모를 일이니 속옷은 항상 빅토리아 시크릿이나 라 펄라로 하라는 등의 조언이 잡지에는 끊임없이 등장한다. 그리고 세상에는 '저런 옷을 입고 다니는 자가 감히 나를 넘보다니'라고 생각하는 사람들이 꽤 많고, 저 따위로 입고 면접을 보러 오냐고 생각하는 사람들도 꽤 많다. 그런 사고방식을 가진 사람들을 가능한 만나지 않는 게 마음 편하게 사는 방법이긴 하겠지만 현대사회의 일원으로 살아가기 위해서는 이런 것들을 마냥 피할 수만은 없다. 해야 될 요식행위들은 은근히 많은 법이다. 그러므로 자신이 시대를 선도하는 디자이너나 완성된 스타일리스트 같은 게 아닌 한 대부분의 경우 코스프레를 하고 있다고 보면 된다. 잡지와 책, 방송에 등장하는 상황에 따른 코디네이션 요령은 다 이런 종류로 수많은 코스프레의 예가 제시된다. 사람들은 그것들 중 자신에게 너무나 어울리지 않거나 감당하기 어려운 것들을 제외하고 실현할 수 있는 걸 채택하게 된다. 이런 목적 지향적인 패션의 취사선택은 우리 교육 사정, 사회 사정에도 잘 들어맞는다. 패션을 사랑하고 자신의 감각이 특출하다고 믿는 이들의 옷이 다 비슷비슷해지는 이유 중 하나가 이런 데서

온다. 즉 어떤 시점의 트렌드 기반 위에서 코스프레
하고 있고 그 출처가 뻔하기 때문이다. 게다가 트렌
드라는 게 정보의 소통보다 빠르게 움직이고 있으므
로 어느 시점에서 포기하든가, 아니면 하고는 싶은
데 금전적 여력이 더 이상 따라갈 수가 없든가 하는
지점에 도달하게 된다.

어쨌든 옷을 이용해 자신이 어느 만큼 즐겁고
사회 안에서 충분히 만족할 만한 성과를 얻을 수 있
다면 이보다 더한 비용 투자는 그저 손해가 될 뿐이
다. 이 둘의 균형점에서 개인의 선택이 이뤄지기 때
문에 모험에 따른 비용 대비 측면에서 봤을 때 코스
프레가 훨씬 효율적이다. 자아 추구는 차라리 다른
데서 하고, 옷은 그냥 입고 다니면 되는 거니까 필요
한 정보량을 최대한 줄이고 그냥 세간이 하라는 대
로 따르는 게 낫다. 여기서 약간 더 극단적으로 가면
고 앙드레 김이나 칼 라거펠트, 스티브 잡스나 마크
저커버그처럼 매일 똑같은 옷만 입고 다니게 된다.
하지만 이런 명징한 캐릭터 플레이는 사회적 위치와
역할이 아예 없거나 혹은 반대로 완벽하게 확립된
후에나 가능하다. 물론 강한 자의식이 있다면 극복
할 수는 있다.

이런 방향 말고 또 하나의 분야가 존재하는데
바로 스트리트웨어 라인이다. 스트리트웨어는 보통
스케이트보드나 서핑 문화를 기반으로 거기에 맞춰

만들어진 옷이 기반이 된다. 서핑 슈트는 몰라도 티셔츠에 딱히 무슨 기능이 있을 리가 없으니 이런 건 그냥 분위기 맞춤이다. 아무튼 반스의 납작한 운동화 밑창, 스투시의 얇은 티셔츠, 이런 브랜드에서 나오는 백팩에 스케이트보드를 달아놓을 수 있는 고리 같은 건 굳이 그런 걸 하지 않아도 일상에서 분위기를 내는 용도로 사용되고 그게 큰 트렌드가 되었다. 스펙테이터, 커버낫 같은 한국의 브랜드들도 많이 참여하고 있는데 이런 건 물론 그쪽 분야를 취미로 가진 이들이 사용하기도 하지만 주로 일종의 롤플레잉으로 사용된다. 헌터의 농장용 레인 부츠나 칼하트의 작업복을 구입하는 사람들이 꼭 그런 일을 하려는 건 아니다. 에베레스트에 가진 않아도 영하 40도의 강풍 속에서도 버틸 수 있게 만들어진 노스페이스의 등산복을 굳이 구입하는 것과 기본적으로 발상이 같다. 미국에서도 한창 노마드가 유행할 때 히피 갑부들은 3000미터 물속에서도 버틴다는 롤렉스라든가 사하라사막을 횡단할 수 있는 트레일화 같은 걸 구입했다. 남성 혹은 경직된 사고 방식이 패션의 주체로 등장할 때 이렇게 스펙 중심주의로 환원되는 경우가 종종 있다. 덕다운 패딩의 유행이나 복각 데님의 유행도 비슷한 면이 있다. 이건 1부에서 이야기했듯 주류가 되면서 고급화되었고 디자이너 브랜드의 패션 세계로 일부 편입되었다.

— 스타일 vs. 코스프레

스타일과 코스프레는 동기에 의해 나뉘어지는 개념이므로 겉모습만 가지고는 명확히 구분되지 않는다. 이 두 범주에 들어가지 않는 옷들이라 해도 마찬가지이다. 예를 들어 법이나 규범에 의해 입어야만 하는 교복, 죄수복, 군복 등의 제복이 있다. 이런 옷은 자의에 의해 선택하는 옷이 아니기 때문에 위 분류에 넣을 수 없다. 그러나 스타일로서 제복을 사용할 수도 있고 코스프레로서 제복을 사용할 수도 있다. 그리고 규정에 어긋나지 않는 범위 안에서 리뉴얼, 리폼을 하는 경우도 있다. 한정적이긴 하지만 이 경우에는 자의가 들어간다고 볼 수 있는데 분류하자면 스타일에 해당할 거다.

여하튼 궁극의 스타일, 궁극의 코스프레가 어디에 있을지도 모르겠지만 현세에서 구현하는 건 거의 불가능하다. 어느 쪽이 낫다고 할 수도 없다. 하지만 만약 둘 중 하나의 손을 들어줄 수밖에 없는 상황이 온다면 역시 코스프레다. 인간은 사회적인 동물이기 때문이다. 스타일은 구축에 시간과 노력, 실패와 좌절 등 비용이 들고 때로는 납득시킬 시간이 필요하지만, 코스프레는 기본적으로 장착식이므로 그런 비용으로부터 훨씬 자유롭다. 20세기 초반의 패션 잡지들에서도 이러한 패션 규정 목록을 볼 수 있고 심지어 1000년 전 신라시대에도 품계별 신분별 의복 규정이 정해져 있던 걸 볼 수 있듯 이 계열의 역사는 사실 자기만의 개성을 중시하게 된 인권 성립 이후의 역사와 궤를 함께하는 스타일에 비해 역사도 훨씬 깊다.

　　이런 성향은 패션이 무의미해지는 과정 속에서 더욱 심화되었다. 즉 좀 더 자유로운 선택지가 있었던 시대가 지나가고 퇴행하며 더욱 깊어지는 거다. 예를 들어 동일한 가처분소득을 가지고 있다면 우선 써야 하는 곳은 당연히 필수품들이다. 스타일에 대해 생각할 여유가 사라지고 실패했을 경우 회복해야 할 기회 비용이 더욱 커지면서 사람들은 모험을 두려워하게 된다. 간단히 말해 자기 맘에 드는 A와 회사 다닐 때 입을 B가 있는데 A, B 둘 중 하나밖에 못 산다면 선택은 B다. 그게 싫다고 회사를 떠나면, 특히 21세기 한국 사회라면 다시 정상 루트로 복귀할 길이 묘연하다. 회사도 잡고 A도 가지고 싶다면 극복해야 할 정신적 에너지가 과도해진다. 그러므로 어느새 아예 마음속으로 처음부터 선택지는 B로 세팅된다. 실험적인 디자이너들이 사라진 자리에 남는 것은 기존 레시피를 두고 벌어지는 치열한 경쟁뿐이다.

　　이 과정을 압축적으로 보여주며 결국 염가의 코스프레 브랜드가 성상의 자리에 서게 되는 과정을 우리는 전후 일본에서 아메리칸 캐주얼이 정착하는 과정을 통해 엿볼 수 있다. 즉 세계시민이 되며 표준 복장의 필요성이 도래하고, 회복된 경제 상황 속에서 스타일과 만듦새에 초점을 뒀던 보다 여유로운 VAN, 이후 이걸 훨씬 저렴하게 압축 재생산해 아메리칸 캐주얼을 실어 나른 유니클로의 이야기다. 덧붙여 왜 스파오나 에잇세컨즈 같은 다른 패스트 패션 브랜드들이 아직은 제 역할을 하지 못하는지, H&M은 잘 되지만 갭은 왜 위기를 겪고 있는지도 탐구해볼 겸 유니클로의 프로토타입이라 할 수 있는 브랜드 VAN의 이야기로 거슬러 올라가본다.

VAN, 복제 착탈식
패션의 프로토타입

흥미가 있던 건 패션과 음악이었습니다. 우베
시의 고등학생 중에 VAN의 버튼다운 셔츠를
제일 먼저 입은 것은 확실히 저였다고 생각합
니다. (웃음) 치노라든지 바스켓 슈즈도 마찬
가지. 학교가 지정한 옷 이외의 셔츠 등을 입
고 가는 건 금지되어 있었습니다만, 버튼다운
셔츠 따위 아무도 입고 다니지 않았기 때문에
교사는 주의도 기울이지 않았죠. 음악은 비틀
스, 롤링 스톤스, 클리프 리처드… 여러 가지를
듣고 있었어요.
　　　— 야나이 타다시(유니클로 회장) 인터뷰

VAN의 역사는 이시즈 겐스케가 1951년 오사카 남부
에 '이시즈 상점'을 차리면서 시작되었다. 1954년에
회사 이름을 'VAN(VAN JACKET)'으로 바꿨는데
일본 최초로 아이비 룩을 도입해 명성을 떨쳤다. 약
25년 정도 운영되며 규모가 점점 커졌지만, 1971년
창립자 이시즈 겐스케가 회사에서 물러나고, 1978년

에 사실상 도산한다(법적인 파산 종결 결정은 1984년이다). 파산 당시 부채가 약 500억 엔으로 1945년 종전 이후 일본에서 다섯 번째로 큰 규모였다. VAN은 일본의 1차 베이비 붐 세대에 처음으로 '패션은 이런 것이다'를 제시한 브랜드라 할 수 있다.

이시즈 겐스케는 1911년 오카야마에서 태어났다. 오카야마는 주코쿠 지방으로 오사카 서쪽에 위치한 곳이다. 집안은 전통 종이 제조 및 도매업을 했는데 꽤 부유한 편이었다고 한다. 어린 시절은 옷을 좋아하는 소년으로 고향에서 보냈고, 1929년 메이지 대학교 상과에 입학하면서 도쿄로 거처를 옮겼다. 일본의 당시 상황을 보면 1920년대 중반부터 샐러리맨이 생겨났고 이에 따라 도시화가 진행되기 시작했다. 즉 서양식 삶의 방식이 평범한 사람들에게도 본격적으로 자리 잡았다. 이러한 전통적인 생활 방식에서의 탈피와 서구화라는 모더니즘의 시대에 맞춰 음식이나 주거 등에서 굉장히 큰 변화가 일어났다. 그리고 이에 따라 생활 패턴은 물론이고 사고도 빠르게 변하기 시작했다. 이시즈 겐스케가 대학에 들어간 1929년은 미국에서 대공황이 시작된 해였고 이에 따라 다이쇼 데모크라시[1]가 대공황에 따른

---

1   1911년부터 1925년 정도까지 지속된 일본의 민주주의, 자유주의 운동.

경제 침체, 그리고 이어지는 1931년의 만주사변 등으로 꺾이게 되면서 '데모크라시'의 분위기는 사라지게 된다. 하지만 이시즈 겐스케가 대학 생활을 시작할 때는 아직 만주사변도 중일 전쟁(1937)도 2차대전도 시작되지 않은, 그나마 대학 정도에는 괜찮은 분위기가 남아 있는 때였다.

　　운동을 좋아한 이시즈 겐스케는 꽤 즐거운 대학 시절을 보냈다. 학교에서 오토바이 클럽, 자동차 클럽, 항공 클럽을 창단했고 이외에도 롤러스케이트, 승마, 수상스키 등 다양한 운동을 즐겼다. 그리고 이때 글라이더 면허 자격을 획득했는데 이 면허 덕분에 전쟁에 끌려가지 않게 된다. 첨단 유행에 민감해서 고가의 양복을 맞춰 입고, 외국 잡지를 구해서 보고, 가지고 있는 옷을 수선하거나 뭘 붙여보거나 하면서 당시 최고급 댄스홀이었던 '아카사카 플로리다'에 놀러 다니고, 차에 애인을 태우고 20일간 일본 일주를 떠나는 등 실로 한량으로 살았다. 워낙 서구의 트렌드를 잘 파악하고 있어서 미쓰코시 백화점 점원들이 배우러 오기도 했다고 한다. 그러던 1931년, 만주사변이 발생하면서 일본 제국은 국제연맹에서 탈퇴하고 고립 외교 노선으로 나아간다. 이후 군부에서 강경파가 점점 힘을 얻으면서 파쇼화되어 갔고 전쟁의 분위기노 더욱 짙어지게 된다. 이시즈 겐스케는 1932년에 대학을 졸업하는데 계속 그렇게 놀고 있을 수는 없었으므로 결국 고향으로 돌아가 가업을 이어받는다. 하지만 1939년 정부의 종이 통제 정책이 시작되면서 4대째 내려오던 가업이 끝장나 버렸고 이후 중국 천진으로 건너갔다.

천진에 있던 오카와 백화점(大川洋行)에 들어가면서 이시즈 겐스케는 그동안 원하던 패션 일을 본격적으로 시작하게 된다. 당시 오카와 백화점은 "도쿄에는 미쓰코시, 천진에는 오카와"라는 말이 있었을 정도로 번성하던 상점이었다. 이시즈 겐스케는 디자인을 전문적으로 배운 적은 없지만 기획을 하고 디자이너에게 전달해 상품을 생산하는 프로듀서 역할을 한다. 이 시절에 유럽의 디자이너를 고용하거나 외국인과 교제하면서 그동안 풍문으로 배워왔던 취향의 디테일을 완성해가기 시작했다. 그가 기획한 넥타이가 1500개씩 팔리는 등 천진에서 꽤 인기를 끌었지만 1944년 오카와 백화점이 가네보에 매각되면서 다시 일자리를 바꾸게 된다. 1941년부터 시작된 태평양전쟁이 한창 진행되던 시기였는데 나중에 따져보면 오카와 백화점에서 꽤 알맞은 시점에 발을 뺐다고 할 수 있다.[2]

---

2 오카와 형제는 전쟁이 끝난 후 일본으로 돌아갔고 1970년대에 랭글러 재팬을 설립한다. 리바이스와 라이선스 협상이 실패하면서 랭글러로 방향을 돌린 건데 이때 VAN도 공동 출자자였다.

전쟁의 혼란은 깊어졌고 이윽고 패전의 기운이 잔뜩 감돌기 시작했다. 이런 혼돈 속에서 그는 천진 해군 군수공장에 있다가 1945년 8월 15일 종전을 맞이한다. 종전 후에는 공장을 접수하러 온 중국인들에 의해 감옥에 갇히게 되는데 그렇다고 해도 이들은 엊그제까지 같이 일하던 사람들이었고 워낙 사교성이 좋았던 터라 맛있는 것도 많이 먹고 일본인들의 파티가 있으면 심야까지 외출도 다니면서 지냈다고 한다. 1945년 10월 미군이 중국에 들어오면서 계엄을 선포한 이후에는 영어, 중국어, 일본어를 할 수 있었기 때문에 미군 헌병대에 중용되었다. 주임무는 무장해제된 일본 군인과 미국인의 친목 활동 주선이었는데 대학 때부터 운동을 좋아하던 사람이라 적성에 아주 잘 맞았다. 이 시절에 프린스턴 대학교 출신인 오브라이언 중위와 만나게 되는데, 그는 이시즈 겐스케가 본격적으로 교류한 최초의 아이비 리거였다. 이 만남을 통해 미국식 포멀웨어를 입는 방식뿐만 아니라 생활 방식 등에 대해 많은 지식을 얻게 되었다.

일본으로 돌아온 이시즈 겐스케는 리나운[3]에 입사해 패션 일을 다시 하다가 1951년 드디어 오사

3　지금도 아놀드 파마, 인터메조, 더반 등을 운영하고 있는 패션 회사다.

카 신사이바시 남쪽에 있는 미도스 골목(지금은 미국 골목이라고 부른다)에 이시즈 유한회사를 차리게 된다. 오사카 남서쪽에는 아시야라는 지역이 있는데 1920년대에 개발되기 시작해 대저택 단지를 기본으로 설계된 곳으로 부유한 엘리트들이 많이 살고 있었다.[4] 이시즈 상점은 그들을 대상으로 남성복을 만들었다.

— 일본에 상륙한 아이비 룩

이시즈 상점은 1954년 회사 이름을 VAN으로 바꾸게 된다. 왜 이름이 VAN이 되었나에 대해서는 몇 가지 설이 있다. 네덜란드 이름에 들어가는 'van'에서 나왔다는 설, 밴(VAN) 자동차에서 나왔다는 설, 또는 당시 이시즈 겐스케의 친구가 출간하던 풍자 잡지 이름이 'VAN'이었는데 거기서 가져왔다는 이야기도 있다. 실제로 뭐였든 그다지 큰 의미는 없는 것 같고 단지 커다랗게 새겨진 'VAN', 'VAN JAC' 같은 글자의 모습, 짧아서 강한 인상을 준다는 점, 발음에서 풍기는 어딘가 이국적인 분위기가 그의 마음에 든 게 아니었을까 싶다.

VAN, 그리고 VAN의 아이비 룩이 본격적으로

---

4   지금도 500평방미터 이하 토지의 매매나 주택 신축을 할 수 없도록 조례로 막아놓고 있다.

득세하게 된 건 1950년대 말에서 1960년대 초다. 여기에는 여러 가지 조건들이 있었다. 미국의 소위 아이비리그 패션은 대학가에서 주로 통용되던 옷 입는 방식이었겠지만 그렇다고 딱히 이런 룩이라고 정형화되어 자리 잡은 방식은 전혀 아니었다. 단지 세계대전이 끝난 후 미국 남성 패션 중의 하나로 서서히 자리를 잡기 시작한 상태였다. 미국인들은 평균적으로 유럽인들보다 몸집이 컸는데 그에 따라 영국과 유럽의 패션에 대응하는 미국식 스타일을 만들어가고 있었다.

　　당시 세계 패션의 움직임을 살펴보자. 베이비부머가 새로운 소비 계층, 즉 중산층을 형성하고 있었다. 1950년대 말부터 전후 세대가 10대에 접어들고 수입이 생기기 시작한 것이다. 이들은 비록 고급 제품을 살 돈은 없었지만 구세대와 구별되는 패션을 원했다. 1960년대에 들어서면서 이들의 빠른 취향 변화에 부합하는 메리 퀸트 같은 런던의 디자이너들 그리고 소호와 카너비 스트리트의 의류 매장들이 유행을 선도하게 된다. 동시에 여성복 중심이었던 현대 패션에서 남성복의 중요성이 부각되기 시작했다. 영국에서는 값싼 기성복 중심인 카너비 스트리트와 비싼 맞춤복 중심인 새빌 로우 사이에서 카너비 현상이라고 하는 의복 논쟁이 발생했고 이태리 슈트가 유럽 전역에서 유행하는 등 이전 시대와는 판이하게 다른 속도로 트렌드가 흘러갔다. 이는 새로운 패션 시장의 형성을 뜻한다.

　미국의 패션은 기본적으로 유럽보다 보수적이고 기능적인 면을 중시하는 경향이 컸는데 디자이너들은 이 모든 시류에 민감하게 반응하며 미국만의 스타일을 개량해갔다. 크게 방향을 정리해보자면 '보수적인 직장 옷, 화려한 레저 옷'이다. 아무튼 VAN이 받아들였다는 본토의 아이비 룩은 명확하게 만들어진 스타일이 있는 게 아니라 여전히 형성되어가는 과정에 있었고, 현대 남성복 패션 역시 만들어지던 와중이었다. 이런 식으로 각자 나라 상황에 맞는 '새로운 것'이 형성되어 정착되어가다 60년대 말 반전시위가 본격화되면서 젊은이들의 옷은 펑크와 히피 등으로 바뀐다. 즉 캐주얼웨어가 포멀웨어의 대립항으로 설 수 있을 만큼 성장하게 되면서 패션 시장이 다층화된다.

　다시 VAN의 이야기로 돌아가보면 일본은 점차 사회가 안정돼가면서 취향의 시대가 찾아왔다. 처음엔 음식, 그 다음은 주거순으로 진행되었다. 레저 쪽에서는 주체가 근로자가 아니라 새롭게 부상하는 소비 계층인 학생으로 바뀌고 있었다. 이런 경향은 전후 세대가 고등학교에 들어가기 시작한 1963년부터 본격적으로 가속화되었다. 기성세대들은 몸에 안 맞는 커다란 어깨 패드, 허리를 다 덮는 편하지만

볼품없는 배 바지, 양복에 스테테코[5] 같은 전통 복장
과 서양 복장의 혼용, 전혀 어울리지 않게 멋대로 입
은 재킷과 바지의 조화 등 서구에서 들어온 옷을 제
편한 대로 입고 다니고 있었다. 이런 기성세대의 옷
입는 방식에 새로운 세대는 불만이 많았고 그만큼
새로운 정보와 유행에 대한 욕구가 높았다. 이시즈
겐스케 본인도 이런 경향에 맞춰 여러 일을 했다. 그
가 생각하기에 아메리칸 캐주얼은 매력적이고 고급
스러우면서도 유럽의 패션처럼 아주 자유롭지는 않
아서 일본의 상황에 적절하게 들어 맞았다. 특히 같
은 아메리칸 분위기가 나는 옷들은 여러 아이템들을
섞어 입어도 쉽게 어울렸다. 즉 새로운 패션치고는
입기가 까다롭지 않고, 패셔너블한 이미지를 가지고
있지만 그렇다고 하이패션 특유의 무리한다라는 느
낌도 없다. 타국에서 처음 입문하는 본격적인 패션
으로는 매우 적합한 타입이 아닐 수 없다. VAN이 론
칭한 이후인 1954년부터 잡지에 칼럼을 쓰기 시작했

5　유니클로에서 스테테코라는 이름으로 룸웨어를 내놓고 있는
데 일본에 원래부터 있던 옷 장르다. 보통 얇은 면으로 만들고 무
릎 정도까지 오는 속바지인데 기모노나 하카 안에 입는 속옷으로
메이지유신 이후 전국적으로 보급되었다. 만화나 영화에서 소위
'아저씨'들의 전형적인 모습 중 하나로 스테테코 차림으로 돌아
다니는 모습을 볼 수 있다. 유니클로나 와코루에서 나오는 새로운
스테테코는 본래의 외형은 살리되 각종 프린트를 넣어 현대적 룸
웨어로 다시 만든 것이다.

는데 특히 1955년 창간된 『멘스 클럽(Men's Club)』에서 아이비 룩과 패션에 대해 집중적으로 설파했다. 이런 소개가 안정되어가는 경제 속에서 새로운 것을 찾던 젊은이들 사이에 관심을 불러일으키는 데 성공했다. 교복을 주로 입고 다니던 상황에서 아이비 룩의 모나지 않은 적당한 구속감과 자유로움은 굉장히 매력적으로 보였다. 이런 트렌드가 커져가는 데 발을 맞춰 VAN도 1955년 도쿄에 진출한다.

그가 VAN에서 하는 일은 오카와 백화점에서 했던 것처럼 프로듀싱이었다. 옷을 구매할 사람의 계층, 경제력, 나이, 거주지 등등을 자질구레한 것까지 모두 설정해놓고 그런 사람에게 적합한 옷을 설계하는 방식이다. 이를 발전시키기 위해 비슷한 작업 방식을 가진 건축가들과의 친교를 중요시했다고 한다. 그리고 제품을 1형(클래식형, 아이비 룩이 기본), 2형(개량형), 3형(새로운 발상) 식으로 나눠서 생산했는데 지금도 일본 업계에서는 이런 방식을 사용하고 있다. 예컨대 유니클로를 보면 이 단계를 기준으로 시즌마다 어디에 방점을 두고 있는지 대략 파악할 수 있다. 가만히 살펴보면 초기에는 전형적인 클래식 타입이었던 1형이었는데 점점 패셔너블한 요구에 대응하면서 3형으로 이동하고 있다.

어쨌든 VAN이 본격적으로 전국구 유행 품목이 된 건 1964년부터다. 1964년에 창간된 잡지 『헤

이븐 펀치(*Haven Punch*)』에서는 당시 비약적으로 증가하고 있던 부유한 도시 젊은이, 소득이 생기기 시작한 젊은이를 타깃으로 어떻게 옷을 입어야 하는지, 무엇을 입어야 하는지 연달아 기획 기사를 냈다. 이 기사에 주목한 이들은 16~20세 정도의 전후 세대였다. 당시 일본의 대학 진학률은 15~20퍼센트 정도였는데[6] 고도성장기라 일자리는 매우 풍부했기 때문에 시골에서 고등학교를 마치고 난 후 바로 도쿄와 오사카에서 직장을 구하고 도시의 신규 일원으로 자리를 잡았다. 바로 이들이 일본에서 '남성복을 자신이 선택해서 소비'하는 첫 세대로 등장하게 된다. 이게 60년대니까 유럽과는 대략 10여 년 정도 차이가 있다. 남성복을 자신이 선택하는 건 영국 노동 계급의 하위문화와 큰 관련이 있다. 일단 상류층은 상황에 맞는 격식 예복이 있었던 거고 노동 계층은 작업복과 일상복이 있었다. 기본적으로 주어진 옷을 입는 거지 남자가 옷을 고르고 어쩌고 하는 건 일단 동료와 친구들의 놀림거리가 되는 게 보통이었다. 그러다가 2차 대전이 끝나고 1940년대 말 영국에서 청년 문화가 본격적으로 나오기 시작하면서 테디 보이 같은 일련의 흐름이 만들어진다. 테디 보이는 문화적으로 음악, 축구, 갱단 등 여러 망이 겹쳐 있는데

6　일본의 대학 진학률은 현재도 50퍼센트 정도다.

패션 쪽에서는 전후 돈이 좀 있던 10대들이 1900년
대 초반 에드워드 시대의 댄디들이 옷 입던 방식을
따라 입는 거였다.[7] 미국에서는 특히 모터스포츠 등
을 중심으로 거친 젊은이들이 옷을 직접 고르고 사
입으며 스타일을 만들어냈다. 전후에 유입된 대량의
복구 물자, 당시 유행하던 TV 시리즈 등으로 미국을
이길 수 없는 어떤 곳, 따라가야 하는 어떤 곳 등 동
경의 시선으로 바라보고 있던 일본의 베이비 부머들
에게 '미국인이 입는 옷'은 아주 매력적인 선택지였
고 이를 통해 기성세대와 구별되는 자기들만의 패션
을 가지게 된다. 이런 움직임은 다이쇼 데모크라시
시기 청년층의 선택과 비슷한데 경제적 안정은 언제
나 이렇게 옷을 화려하게 만든다. 그때와 마찬가지
로 이들은 잘 만들어지고 체계가 확실한 패션에서
해답을 얻었다.

      VAN은 고급 소재를 사용해 웰메이드를 표방
한 꽤 비싼 브랜드로, 처음 론칭했을 때 고객층은 소
득이 탄탄한 직장인들이었다. 하지만 이게 유행을
하면서 대학생, 고등학생으로 나이대가 점점 더 내
려갔다. 그러다가 1964년 미유키족(みゆき族)이라

---

7   보통 공장 등에 다니는 돈이 없는 젊은이들이 가난을 지겨워
하며 전통 방식으로 제작한 값비싼 테일러드 의류를 구입해 입는
조금 복잡한 마인드가 담겨 있는 하위문화였다.

는 게 등장한다. 미유키족은 아이비 룩을 입은 젊은
이들을 말하는데 마드라스 플레드나 옥스퍼드로 만
든 버튼다운 셔츠에 화이트 혹은 카키색의 롤업한
바지, 버뮤다 반바지 같은 걸 입었다. 거기에 페니 로
퍼를 신고 3버튼 재킷 같은 옷을 걸치고는 긴자 미유
키 거리에 있던 VAN 매장 주변에 옹기종기 모여 어
슬렁거렸다. 손에는 VAN이나 당시 VAN의 라이벌로
아메리칸 룩과 상반된 유러피언 룩을 선도하던 JUN
의 종이 봉투를 들고 있었는데[8] 특히 미국식 아이비
룩과는 다르게 다들 옷을 매우 슬림하게 입었다. 이
들은 정말로 그저 '어슬렁'거리기만 했는데 지금도
다르지 않겠지만 당시 일본의 기성세대는 일반적으
로 애들이 몰려다니면 비행 청소년이라는 생각을 가
지고 있었다. 게다가 1964년 10월에 개최되는 도쿄
올림픽을 앞두고 있던 게 문제였다. 당시 정부는 관
광 온 외국인의 눈에 거슬리겠다 싶은 건 모두 다 치
우던 와중이었다. 예를 들어 나무로 제작된 쓰레기
통 같은 구시대적 유물을 없애버리고 거리의 노숙자
들을 모조리 소탕하는 등의 조치를 취하고 있었다.
그들이 보기에 도쿄의 가장 큰 번화가인 긴자 거리
에서 하릴없이 어슬렁거리는 미유키족은 꽤나 신경
쓰이는 존재였다. 긴자 거리의 가게들도 미유키족이

8   종이 봉투 안에는 보통 교복이 들어 있었다고 한다.

어슬렁거리는 게 장사에 방해가 된다고 계속 민원을 넣었다. 경찰 쪽에서는 처음에 VAN에 이 문제의 해결을 요청했다. VAN에서는 이에 대처해 '빅 아이비 스타일 미트업(Big Ivy Style Meet-Up)'이라는 행사를 개최했다. 이 행사에는 300여 명이 참여할 예정이었는데 2000명이 넘게 몰려왔고 VAN에서는 무료로 VAN의 종이 가방을 나눠 주면서 앞으로 긴자 거리에 그렇게 모여 있지 말아달라고 설득했다. 그렇지만 이 행사가 끝난 후 많이 줄어들긴 했어도 역시 누군가는 계속 미유키 거리로 나왔다. 결국 1964년 9월 19일 경찰이 거리를 급습해 200명을 체포했고 그중 150명 정도를 감옥에 가뒀다. 다시는 안 오겠다는 반성문을 쓴 다음에야 풀어줬다고 하는데 "미유키족 소탕작전"이라고 부르는 이 사건은 신문과 방송에 대대적으로 보도되며 알려졌다.

어쨌든 VAN은 한 시대의 브랜드답게 이런 적당한 규모의 사회문제도 일으키면서 전성기를 보냈다. 1965년에는 직접 아이비리그의 대학을 찾아가 2주간 현지에서 생활하며 학생들의 자연스러운 실생활과 패션을 촬영한 『테이크 아이비(Take Ivy)』라는 책을 출간하기도 했다. 이시즈 겐스케는 패션에 그치지 않고 생활 태도, 문화 등도 여기에 맞춰 가꿔 나가야 한다고 말하면서 'VAN99HALL'이라는 극장을 개관했고 가구는 렉스, 잡화는 오렌지 하우스, 식물은 그린 하우스 등으로 여러 분야에 걸쳐 전문점을 내놨다. 이런 식으로 어디에다 돈을 써야 되는지, 어떤 식으로 취향을 가꿔야 할지 잘 모르던 경제 호황기에 접어든 무취향 남성들에게 전방위적으로 취향에 대한 지식을 제공하고 그에 맞는 상품을 제시했다.

— VAN, 그 이후

VAN이 인기를 끌고 팬덤이 날로 늘어나면서 오사카의 작은 상점에서 시작한 회사는 규모가 점점 커졌고 어느덧 대기업 수준으로 성장한다. 그런데 1971년 이시즈 겐스케는 더 이상 자신이 원해서 만드는 옷을 내놓을 수 없다는 이유를 들어 회사를 떠나게 된다. 사실 대기업 크기로 커진 이 회사에 대해 여러 상사나 금융권의 욕심도 커져서 마루이나 미쓰비시 등 돈을 빌려준 금융 기업의 경영 간섭이 점점 심해지는 상황이었다. 결국 이시즈 겐스케가 나간 후 대기업 자본의 안정적인 이윤 추구 성향 속에서 딱히 원하는 대로 시즌을 꾸려갈 힘이 떨어져갔고 대중의 눈치를 보는 브랜드로 전락하게 된다. 결국 VAN은 이시즈 겐스케의 빈자리를 채우지 못하고 1978년 도산하게 된다.

이런 대기업 금융의 간섭도 문제이긴 했지만 사실 일본의 패션과 트렌드에도 큰 틀에서 변화가 시작되고 있었다. VAN의 아이비 룩과 JUN의 유러 피언 룩이 대결하던 전성기가 끝나고 1980년대 들어 DC 브랜드 패션이 득세하게 된다. DC 브랜드의 D 는 디자이너 브랜드, C는 캐릭터 브랜드를 뜻하는데 VAN과 JUN의 일본식 발전형이라고 할 수 있다. 원 래 DC 브랜드라는 말은 1979년 등장한 마케팅 용어 로 백화점 한 층을 채우는 주축 패션 브랜드를 일컫 는 말이었다. 이 단어는 이후 일반화되면서 디자이 너가 주축이 된 회사를 D, 회사에서 경영인들이 만 들어낸 콘셉트를 중심으로 하는 토털 브랜드를 C라 고 일컫게 된다. DC 브랜드의 패션은 마츠다 미츠히 로(니콜), 레이 카와쿠보(꼼 데 가르송), 이세이 미 야케, 기쿠치 타케오(멘스 비기) 등등을 주축으로 80년대 초중반까지 선풍적인 인기를 끌었다. 바로 이들이 유럽에 진출한 일본 디자이너 1세대이기도 하고 서구 옷을 가져다 일본의 필터를 거친 후 다시 구성해내는 데 성공해 새로운 패션 경향을 만들어낸 주역이기도 하다. 이런 일본 패션이나 북유럽, 특히 벨기에 등의 비주류 패션들이 파리나 밀라노의 패션 계에 진입하는 데 성공하고, 90년대 들어 아방가르 드나 미니멀리즘 패션이 세계적으로 유행하는 데 큰 영향을 미치게 된다.

　　한편 1987년쯤부터 일본의 경제 버블이 본격 화되면서 사람들 주머니에 돈이 남아돌기 시작했다. 그러면서 조르조 아르마니나 랄프 로렌 같은 고급 수입 의류 쪽으로 방향을 돌리게 된다. 또한 사람들도 DC 브랜드 특유의 구조화된 보디 실루엣에 질려 있던 참이라 몸의 모습에 보다 집중하는 보디 콘셔스(body conscious, 보디콘) 같은 직설적인 형태의 옷도 유행한다. 이렇게 버블과 줄리아나 도쿄 같은 화려한 시대가 본격적으로 도래했다. 이제 패션은 훨씬 진중했던 이전 시대와는 완전히 달라졌고, 그 조류를 따라잡지 못한 VAN은 사라지게 된 거다. 그러나 앞서 말했듯 브랜드가 사라진 이후에도 VAN이 패션 산업에 선도적으로 도입했던 방식은 지금까지도 통용되고 있다. 예컨대 시즌이 다가오면 나오는 카탈로그[9]나 특정 주제를 가지고 진행하는 광고 캠페인 시리즈 같은 건 이제 패션 마케팅의 기본이 되었다. 그리고 티셔츠나 스윙톱, 캐주얼웨어[10] 같은 일본식 패션 용어도 이제는 세계적으로 통용되는 패션 용어다. T.P.O 같은 패션을 대하는 태도 등도 여전히 유효하다.

　　이런 패션 사이클은 다시 빙 돌아서 미니멀리즘과 아방가르드의 시대, 화려한 로고의 시대 등을

9　요새는 룩북(lookbook)이라고 한다.
10　캐주얼이라고 하면 보통은 영국 하위문화의 '캐주얼스(The Casuals)'를 말한다.

거친 다음 다시 쪼그라들고 있다. 그러면서 힙합, 하위문화 등과 함께 스트리트웨어가 부활하고 동시에 남성복에 대한 관심도 잘 만들어진, 오리지널, 구시대의 (성능은 떨어지더라도) '인간적이고' 공들인 제조 방식으로 넘어간다. 그러면 다시 등장할 만한 게 한 시절의 오리지널이 된 VAN이다. 최근 들어 재조명도 시작되어 2012년에는 미유키족 부활이라는 이름으로 예전에 긴자에서 몰려다니던 사람들이 행사를 가지기도 했다. 2014년 초에는 긴자 미쓰코시 백화점 주최로 네오 미유키족 패션쇼를 개최하는 등의 움직임을 보였다. 다만 그 사이에 나온 복각 브랜드들이 워낙 많고, 미국과 유럽의 오래된 오리지널 브랜드들의 이미지 쇄신 마케팅이 워낙 치열해진 터라 상황이 좋진 않아 보인다.[11] 90년대, 2000년대를 걸쳐 유니클로가 VAN 스타일의 아메리칸 캐주얼을 열화시킨 간소화 버전으로 대히트를 치는 동안 VAN은 이름만 팔려 다니며 여기저기서 재론칭했다 실패하는 일을 반복했다. 예전 VAN의 전성기 때 비싸서 못 사 입었던 사람들을 타깃으로 유니클로 가격 정도로 VAN의 예전 제품 분위기가 나는 옷을 출시한 적도 있었는데 실패했고 회사는 다시 도산했다. VAN이라는 이름은 계속 팔려 다니고 있다.

---

11   이에 대해선 3부 「패딩 전성시대」 참조.

VAN에서 나온 이시즈 겐스케는 이후 디자이너, 칼럼니스트 등으로 일한다. 1964년 도쿄 올림픽 선수단 유니폼을 디자인했는데,[12] 이외에도 신칸센 승무원 유니폼, 각종 박람회 유니폼, 항공사나 경찰 등 여러 분야 유니폼 디자인을 담당했다. 90년대를 넘어가면서 아메리칸 캐주얼, 웨스턴 등이 본격적으로 다시 인기를 끌게 되는데 그러면서 이시즈 겐스케의 향후 움직임도 주목을 받게 되었다. 하지만 그는 인터뷰나 책을 통해 더 이상 옷 입기에는 관심이 없다면서 지금은 '의식주＋놀이'의 시대라고 역설했다. 즉 이제는 먹고살 만하고 좋은 옷들도 많으니 결국 중요한 건 노는 거고, 예컨대 영국 사람들처럼 낡은 옷을 수선해가면서 계속 입는 것도 근사한 놀이라며 구두쇠가 되자고 주장했다.[13] 취향이 스며들 여지가 있는 온갖 곳들을 여기저기 넘나들며 즐겁게 살던 이시즈 겐스케는 2005년 94세의 나이로 폐렴으로 입원하게 된다. 병원에서도 환자복이 마음에 안든다며 이세이 미야케의 옷을 입고 지내던 그는 그

12　1979년에도 중국 올림픽 선수단 유니폼 디자인을 의뢰받았지만 중국의 올림픽 참가가 무산되는 바람에 취소되었다.
13　이시즈 겐스케, 「TRAD 새로운 선언(TRAD新宣言)」, 1991년. 버블 경기가 끝나고 장기 불황이 시작된 이후 패셔너블한 라이프스타일을 어떤 식으로 꾸려 나가야 하는지에 대한 이야기를 담아 1991년 3월 발표한 문서.

해 5월 24일 조용히 숨을 거뒀다.

　　— 복각과 아메카지

패션 브랜드 VAN의 이름이 세간에 다시 등장한 건 버블이 끝난 다음이다. 소위 헤리티지가 있고 구석구석까지 신경을 쓴 클래식한 옷이 패션 트렌드로 다시 등장하게 되는데 이건 일본에 한정된 현상은 아니었다. 제작 그 자체에 대한 관심이 환기되면서 '패셔너블함'에 웰메이드 노선이 함께 가는 현상이 생겨났다. 물론 하이엔드 패션 브랜드들도 장인을 확보하고 있기는 하지만 그건 보통 필요조건으로 당연히 잘 만들어진 거겠거니 하고 미리 가정하고 있는 영역이었다. 또 밀라노나 파리, 런던의 본격 장인 제조 브랜드들은 전통적인 디자인 말고는 그렇게 신경 쓰지 않고 해오던 걸 계속 만들고 있었기 때문에 패션 트렌드와는 약간 거리가 있었던 게 사실이다. 이 둘이 합쳐지고 거기에 오랫동안 존재해왔고 오래 입을 수 있는 질 좋고 수선이 용이한 옷이 다시 부활하게 된 거다. 이것은 어떻게 보면 고급 패션이 무너지는 과정이고 또한 노동자 계층의 패션이 고급 패션으로 재구성되는 과정이기도 하다. 이런 식으로 카테고리의 평등, 가격의 불평등은 유지된다. 이에 따라 올드 스타일의 헌팅웨어나 밀리터리웨어 같은 유틸리티 의류나 헤리티지 캐주얼 그리고 아이비 룩에 대한 재조명이 이뤄졌다. VAN 또한 재조명을 받으면서 2010년 『테이크 아이비』의 미국판도 출간되었다.[14]

　　VAN 자체의 아이비 룩도 관심거리겠지만 사실 이를 토대로 등장한 일본식 미국 옷의 현재 모습이 더욱 눈여겨볼 만하다. VAN의 줄기를 따라 내려오다 보면 소위 아메카지(アメカジ)라고 하는 일본식 아메리칸 캐주얼을 만나게 된다. 아메카지는 좁게 보자면 1960년대에 유행했던 VAN의 아이비 룩, 크게는 2000년대 이후 유행하기 시작한 일본식 아메리칸 캐주얼을 뜻하는 용어다. 이 계통에서는 복각이라는 이름으로 예전 옷을 예전 방식 그대로 똑같이 만들어내는 원본성을 강화하고 있지만 그렇다고 입는 방식이 같은 건 아니다. 넉넉하게 입는 미국식 아이비 패션과 다른 VAN의 슬림핏 아이비 패션처럼 착용 방식과 스타일은 엄연히 다르고 그렇기 때문에 독특한 스탠스가 만들어진다. 이건 일본에서 세계로 재수출되어 요즘에는 아메리칸 캐주얼, 아메카지라고 하면 영미에서도 같은 방식으로 쓰이는 경우가 많아졌다. 꼭 아메리칸 캐주얼이 아니더라도 남의 것을 가져다 쓰는 입장에서 이런 식의 방법론은 유

14　파워하우스 북스(powerhouse)에서 나왔고 한국어판은 2012년 월북에서 출간되었다.

용한 점이 있다. 예를 들어 한국의 이랜드는 1980년에 처음 시작할 때 "잉글런드"[15]라는 이름으로 영국풍 전통 캐주얼을 선보였다. 그 이후로도 이랜드의 영국 패션에 대한 관심은 줄기찬데 그 정점은 1994년 글로버올[16] 인수라 할 수 있다.

애초에 이시즈 겐스케가 아이비 룩을 가져와 기본으로 삼은 이유는 아이비리그라는 '미국식=세계식' 스타일을 가지고 일본인들에게 국제적인 옷을 보급시키는 것과 그것을 일본에서 표준 스타일을 해치지 않는 범위 안에서 일본 스타일로 제작하자는 거였다. 그렇기 때문에 그는 아이비 룩을 수입하면서도 "일본인의 자부심을 되찾아야 한다. 물건이 아니라 문화를 수출하는 성인의 나라가 될 수 있다"고 주장했다. 즉 이것은 미국의 문화이기도 하지만 일본이 주도하는 일본 문화이기도 하다. 일본의

15 영어로는 'England'였는데 국가 이름으로는 상호 등록이 안 되기 때문에 한글로 "잉글런드"라고 표기했다. 여기서 'ng'를 빼서 이랜드(E-land)다.
16 더플 코트는 1차 대전 중에 항구에서 사용할 작업복으로 영국 해군이 제작한 옷이다. 2차 대전까지 계속 생산했는데 전쟁이 끝나고 나서 글로버올에서 남은 물자를 사들여 판매했다. 원래 공용 작업복이라 사이즈도 없고 개인 물품으로 보급되지도 않고 그냥 항구에 잔뜩 쌓아놓고 필요한 사람이 입는 옷이었는데 글로버올이 이걸 약간 개량해 요즘 입는 더플 코트를 만들었고 60년대 들어 세계에 수출되면서 브리티시 클래식이 되었다.

패션에서 미국이나 유럽의 전통을 소화해낸 다음 역수출하는 방식을 1960년대 VAN의 패션은 성공적으로 해내지 못했지만 이후 몇몇 남성 패션 분야에서는 성공한 사례가 꽤 있다. 예를 들어 복각 패션과 셀비지 데님 분야를 들 수 있다. 일본 특유의 정밀한 솜씨를 이용한 재현 기술이 복각 패션을 만들어내다시피 했다. 이는 프라모델이나 디오라마 혹은 디자인 상관없이 스펙만 가지고도 소비자를 흥분시킬 수 있는 자동차, 휴대폰 등 기계 분야와 비슷한 점이 있다. 패션식의 사고가 완전히 결여되어 있고, 스펙 중심으로 생각하는 사람들에게도 호소하는 바가 있었다. 그리고 이런 득세 덕분에 꽤 많은 미국과 유럽의 헤리티지 브랜드들이 다시 생명을 얻으며 살아났다. 특히 셀비지 청바지 분야에서는 이시즈 겐스케의 고향인 오카야마, 코지마 일대의 셀비지 데님 공장들이 독보적인 위치를 점하고 있다. 현재 유수의 오리지널 스타일 청바지 브랜드들은 단지 일본산 셀비지 데님을 사용하는 것뿐만이 아니다. 오카야마에 가서 몇 년간 청바지 기술을 배운 다음 캐나다와 영국 등 본국으로 돌아와 셀비지 데님 브랜드를 론칭하는 젊은이들도 늘어나고 있다. 복제 착탈식 패션의 프로토타입은 이렇게 새로운 패션으로 이어지고 있다.

패스트 패션의
도래

유니클로를 설립한 야나이 타다시는 1949년 우베시에서 태어났다. 그해 그의 아버지 야나이 히토시는 야마구치 현 우베 시에서 오구니 상사를 창업하고 '남성 의류점 OS'라는 체인점을 열어 주로 남성복을 취급 판매했다. 체인점 이름 뒤에 붙은 'OS'는 오구니 상사의 약자다. 옷을 직접 생산한 건 아니었고, 의류 소매점으로 내셔널 브랜드[1]를 주로 취급했는데 50년대에 들어서는 VAN이나 JUN처럼 당시 가장 유행하던 브랜드의 옷도 가져다 놓고 판매했다. 고향에서 중고등학교 시절까지 보내던 야나이 타다시는 1967년 와세다 대학교 정경학부에 입학하면서 도쿄로 가게 된다. 1960년대 말 전공투 투쟁의 혼란 속에서 대학을 다녔는데 당시의 트렌드인 재즈, 록, 히피

---

1   광범위한 유통망을 가진 제조업체가 만들고 관리하는 브랜드를 보통 내셔널 브랜드라고 한다. 이와 상대되는 용어가 프라이빗 브랜드인데 판매업체가 만들고 관리하는 브랜드다. PB라는 약자로 쓰는데 한국에서도 마트, 백화점, 편의점 등에서 많이 볼 수 있다.

문화를 몸에 익히긴 했지만 학생운동의 전성기였던 떠들썩한 당시 분위기에 비하자면 전반적으로 조용히 지냈다. 1968년에 동맹 휴업이 시작되자 아버지에게 돈을 받아 세계 여행을 다녀왔다고 한다. 졸업 후 쟈스코²에 취직했지만 입사한 지 9개월 만에 일하기 싫다고 퇴직해버리고 낭인으로 빈둥거리다가 아버지 회사인 오구니 상사에 입사했다. 오구니 상사는 야나이 타다시가 들어온 1972년에도 여전히 남성 의류를 중심으로 영업하고 있었다. 당시까지는 회사 사정이 나쁘지 않았지만 아오야마 상사나 아오키 등 교외에 대형 매장을 두고 신사복을 취급하는 라이벌이 생기고 있었다. 즉 패션에 그다지 관심은 없지만 어엿한 사회인으로 살기 위해 여하튼 셔츠와 양복이 필요한 학생과 직장인들이 있었고, 이들은 이런 교외 대형 매장에서 저렴한 가격으로 '정장'을 구입했다. 1970년대 들어 일본 사회가 점점 빠르게 돌아가면서 이런 수요가 급속히 늘어나고 있었다.

  1984년에 야나이 타다시는 오구니 상사의 사장으로 취임하게 된다. 그의 평소 경영 마인드 중 하나는 고객과의 관계가 필요 없는 옷이 잘 팔린다는 것이었다. 즉 기존의 옷 판매 방식은 처음엔 일대

---

2 JUSCO. 'Japan United Stores Company'의 약자로 종합 슈퍼 체인이다.

일 주문 방식, 그 다음은 매장에서 기성품을 구입하기 때문에 고객 응대 및 수선을 기본으로 했다. 이후 1980년 초반까지는 교외의 창고형 옷 가게로 변화해가는 중이었다. 야나이 타다시의 의견은 여기에서 한발 나아가 규격화된 공산품처럼 옷을 사는 사람도 딱히 물어볼 게 없고, 옷을 파는 사람도 딱히 알려줄 게 없는 상태가 매우 이상적이고 좋은 전략이라는 거다. 회사의 주 품목을 캐주얼웨어로 바꾼 다음 이러한 신념을 바탕으로 한 첫 번째 매장을 히로시마 시에 열었는데 독특한 옷을 표방한다는 의미로 '유니크 클로싱 웨어하우스(Unique Clothing Warehouse)'라는 이름을 붙였다. 이걸 줄여서 'UNI-CLO'라고 썼는데 홍콩에 현지 법인을 설립할 때 회사 등기 서류에 'UNIQLO'라고 잘못 적는 바람에 영어 주문을 계속 그 이름으로 받다 보니 브랜드 이름이 되어버렸다. 이 새로운 옷 소매점을 만드는 데는 홍콩에서 본 지오다노의 영향을 많이 받았다고 알려져 있다. 즉 말끔하고 알아보기 쉽게 정리된 특유의 매장 분위기와 기본 아이템을 저렴하게 판매하는 방식 등을 보고 이와 비슷한 형태를 갖춘 브랜드를 론칭한 것이다.

처음에는 '남성복 OS'에서 판매하던 신사복과 유니클로의 캐주얼을 함께 팔았는데 당시는 일본 버블이 한창 절정으로 오르던 시기, 즉 VAN과 JUN

의 시대, DC 브랜드의 시대가 차례로 지나가고 난 후 티파니와 베르사체, 아르마니와 티라미스 케이크 같은 게 날개 돋친 듯이 팔리고 오냥코 클럽이 인기를 끌고 줄리아나 도쿄가 북적거리던 시절이었다. 그 틈새 어디에선가 '남성복 OS'는 우베 시의 중고등학생, 직장인을 대상으로 나름 쏠쏠히 장사를 했다. 하지만 1991년 버블 경제가 무너지면서 갑자기 모든 게 끝이 났다. 소위 '잃어버린 10년'이 시작된 것이다.

　　　— 유니클로의 성장

캐주얼 의류점으로 변신한 유니클로에게 경제 위기는 커다란 기회이기도 했다. 사람들에게 돈이 없었지만 옷은 언제나 필요하기 때문이다. 잉여 자산 덕분에 패션이 취미가 되었거나 단지 과소비에 익숙해졌던 사람들이 다시 '패션에 관심은 없지만 사회 생활을 위해 옷이 필요한' 사람으로 돌아갈 기회가 마련된 것이다. 유니클로는 회사명을 패스트 리테일링으로 변경하는데 앞의 패스트(fast)는 패스트푸드에서 나왔다. 기업의 슬로건도 "옷을 바꾸고, 상식을 바꾸고, 세상을 바꾼다"라는 꽤 거창한 문구로 변경했다.

　　　초기 유니클로 매장은 미국의 창고형 스토어에서 모티브를 가져왔다. 즉 교외에 거대한 창고 건

물을 짓고 할리우드 영화 포스터나 스타의 초상화 같은 걸 붙여놓은 다음 옷을 잔뜩 쌓아놓고 판매했다. 시장 상황에 민감하게 대응하기 위해 두세 가지 정도의 표준형 건물 타입을 결정해놓고 입지 조건에 적당한 유형의 매장을 선택해 전국 요지에 재빠르게 집어넣었다. 그리고 중국에서 우수한 공장을 발굴해 저렴한 가격으로 상품을 들여오는 시스템을 구축했다. 이 재빠른 시스템은 가히 혁명적인 속도로 일본 유통업계를 큰 충격에 빠트렸다. 경제는 점점 더 안 좋아졌고 저가 제품들은 점점 더 호황을 맞이했다. 혼돈의 와중이던 1995년에 맥도날드는 80엔 버거라는 제품을 내놓으면서 소매시장에 가격 파괴 유행을 만들어낸다. 여러 브랜드에서 이런 제품들을 선보이게 되고 경제 파국에 힘겨워하고 있던 소비자를 끌어들였다. 80엔 버거는 몇 년 뒤에는 가격이 59엔까지 떨어졌다. 유니클로도 이 흐름에 동참해 각종 할인 정책으로 소비자들을 끌어들였다.

1997년부터 유니클로는 미국의 갭을 모델로 또다시 변신을 시작했다. 소위 'SPA(Speciality store retailer of Private label Apparel)'라는 방식인데 회사에서 기획 브랜드 상품을 직접 제조하여 유통까지 하는 전문 소매 방식을 말한다. SPA라고 하지만 유니클로는 극히 제한적인 아이템을 대량으로 판매하며 가격 경쟁력을 만드는 데 중점을 뒀다. 이와 동시

에 대형 광고 기획사와 계약하고 유명한 크리에이티 브 디렉터 다나카 노리유키를 영입해 로고와 기업 PR 부분을 차례대로 쇄신했다. 이즈음부터 유니클 로의 매출이 본격적으로 폭등한다. 이 매출 폭등의 견인차 역할을 한 대표적인 제품이 바로 후리스다. 디자인이 조금씩 바뀌지만 거의 비슷한 모습으로 여 전히 나오고 있고 한국에서도 인기가 많다. 당시 단 일 품목이 2~3만 장 팔리면 히트라고 여겼는데 유 니클로의 후리스 제품들은 1998년에 200만 장, 다음 해인 1999년에는 850만 장, 그리고 2000년에는 51가 지 색상으로 2600만 장을 판매했다. 이런 폭발적인 판매에 언론은 "후리스 바람(フリース 旋風)"이라 는 이름을 붙였다. 2001년까지 회사의 매출, 이익이 계속 늘어났고 영국 등 해외 시장에도 진출한다. 하 지만 2002년에는 라이벌의 등장으로 가격 경쟁력이 감소하고, 당시 로라이즈 진 같은 빈티지의 유행으 로 젊은이들이 유니클로를 찾지 않게 되면서 매출이 갑자기 감소한다. 비용 최소화를 위해 꾸려진 극단 적으로 단순한 제품 라인도 한몫을 했다. 특히 사람 들이 너무 많이 입고 엇비슷한 디자인으로 쉽게 알 아볼 수 있어서 최근에는 유니바레(ユニバレ)[3]라는

3　'바레'는 '들키는'이라는 뜻으로 유니클로 입은 걸 들켰다는 의미의 신조어다.

단어까지 생겼는데 당시도 거의 비슷한 상황이었다. 어쨌든 유니클로가 멋지기 때문에 입는 건 아니라는 사실은 유니클로를 입는 사람들도 다 알고 있다. 멋진 옷이 필요하고 또 구입할 여력도 있다면 좀 특이한 취향을 가지고 있는 게 아닌 한 애초에 유니클로 매장에 갈 이유가 없다. 일본에서도 '잃어버린 10년'이 일단락되고, 월드컵이 개최되면서 2002년부터 2007년까지 경제가 다시 호황을 누리기 시작했는데 그러면서 유니클로의 매출도 함께 떨어지기 시작했다. 주머니에 돈이 좀 있다는 기분이 드는 순간부터 사람들은 유니클로를 잘 찾아가지 않는 거다. 아직 과거의 기억과 습성을 잊지 못하는 과도기적 행동이라 할 수 있다.

　　유니클로 입장에서는 경제가 안 좋을 때만 유니클로를 찾아오는 현상을 극복해야만 했다. 그리고 유니바레 같은 놀림에서도 벗어나야 했다. 자사 제품의 소비자가 그런 이야기를 듣는 건 많이 팔린다는 방증이기도 하지만 그렇다고 가만히 두는 게 좋을 건 별로 없다. 이 두 마리 토끼와 더불어 이제는 훌쩍 커진 덩치를 유지하고, 더 키우고, 끌고 갈 동력도 있어야 했다. 타개책은 이전과 마찬가지로 PR에서 시작되었다. 패스트 리테일링은 고급 디자이너 브랜드인 띠어리와 여성 의류 브랜드 내셔널 스탠더드 등의 회사를 사들였고 패션 잡지들과의 화보 등 캠페인, 신진 및 유명 디자이너들과의 컬래버레이션 컬렉션을 내놨다. 우선 후지와라 노리카 등 유명 연예인을 광고 모델로 기용하며 마치 슈퍼마켓 체인 같았던 기존의 이미지를 쇄신한다. 그리고 같은 해에 아오야마에 별도의 독립 법인으로 유니클로 디자인 연구소를 설립하고 그곳에 이세이 미야케의 사장이었던 타다 히로시를 실장으로 데려온다. 유니클로의 PR은 시종일관 '저렴하면 싸구려'라는 인식을 '저렴하지만 산뜻하다'로 바꾸기 위한 방향으로 간다. 거기에 본체 핵심부에 디자이너나 크리에이티브 디렉터 등 럭셔리 마켓에서 온 인물들을 심어 놓아 저렴하지만 굉장한 사람들이 만드는 옷이라는 이미지도 함께 만들어낸다. 사실 기존의 유니클로는 디자이너가 아니라 경영인, MD가 만드는 옷이라는 인상이 강하다. 대히트를 친 히트텍도 MD 등 경영진이 만들어낸 제품이었고, 디자인보다는 효용에 방점을 두고 있다. 전면에서는 이게 무슨 기능, 저게 무슨 효과 등 과학적인 근거를 제시하고 후면에서는 이런 걸 실제로 누가 만들고 있다는 식의 정보로 신뢰를 만든다. 이 모든 것들이 기존의 인식을 바꾸기 위한 장치라 할 수 있다.

　　이런 타개책 덕분인지 2년 만인 2004년 매출이 다시 흑자로 돌아섰다. 그리고 꾸준히 해외 진출을 시도해 2002년에는 상하이, 2005년에는 서울(롯데와 합작)과 홍콩에 매장을 세운다. 2005년 당시까지 패스트 리테일링의 한 부서였던 유니클로는 이윽고 자회사로 비상장 독립 법인이 된다. 1981년부터 2010년까지 일본의 닛케이 지수가 4분의 1로 내려앉았는데 그동안 유니클로는 115배 성장했다. 현재 해외 진출로 중국, 홍콩, 한국, 싱가포르, 영국, 미국, 프랑스, 러시아, 말레이시아와 대만, 필리핀, 싱가포르 등에 합작 등의 방법으로 법인을 설립했는데 2006년까지는 대부분의 국가에서 적자였지만 2008년에 모두 흑자로 전환되었다. 2010년에는 전년 대비 매출 2배로 730억 엔, 영업 이익은 4배로 65억 엔을 기록한다. 일본 내 점포 수는 843개(2011년 8월 31일 현재), 회사 총 매출은 6151억 엔(2010년 8월)이다.[4]

　　그러던 중에 유니클로도 꽤 여러 가지 시도를 했다. 유니크 플러스라는 이름으로 약간 고급 매장을 별도로 열어봤지만 별 성과를 얻지 못했고 지금은 통폐합되어 그냥 유니클로 매장으로 운영되고 있다. 스포츠 라인인 스포클로(SPOQLO)와 가족 라인인 패미클로(FAMIQLO)를 낸 적도 있는데 1997년에 따로 매장을 내자마자 바로 접었다. 이것도 유니크 플러스와 마찬가지로 유니클로에 흡수되었다. 심지어 배달 전문 식료품 체인을 운영한 적도 있다.

4　일본 위키피디아 참조. https://ja.wikipedia.org/wiki/

그리고 GU라는 이름의 유니클로보다 조금 더 저렴한 브랜드를 만들어 2006년부터 운영하고 있다. 교외형 매장에 철저한 저가격화, 더 짧은 제품 사이클을 특징으로 하는데 이 브랜드의 존재가 최근에는 유니클로의 가격을 약간 더 올릴 수 있게 하고 이를 통해 영업이익을 높일 수 있는 기반이 되고 있다. GU도 최근 글로벌 진출을 가속화하고 있다. 하여튼 한때 극히 한정적인 라인업을 대량으로 판매하는 방식으로 이익을 거두던 유니클로는 2002년의 부진 이후 극단적으로 방향을 선회, 온가족/온연령대를 대상으로 한 풀 레인지 라인 업 브랜드가 되었다. 다른 매장을 다니며 온가족이 입을 적당한 제품을 찾아 헤맬 필요가 없어진 것이다.

— 패션 산업의 변화와 유니클로의 대응

H&M와 칼 라거펠트가 내놓은 컬래버레이션이 전 세계적으로 성공한 이후 SPA 브랜드와 디자이너 하우스 간의 협업은 유행이 되었다. 이 유행은 여전히 유효해서 2015년 겨울에 발망과 H&M의 컬래버레이션 컬렉션이 출시되었을 때 명동 매장 앞에서 텐트를 치고 밤을 새우는 이들의 모습이 뉴스에 등장하기도 했다. 디자이너의 이름이 걸리고 SPA 브랜드에서 최소의 비용으로 생산해 저렴하게 판매한다는

발상은 간단하지만 매우 효과적이다. 구매자들도 자신이 사는 게 발망인지 H&M인지 혼동을 하고 덕분에 가격을 오해하기 쉽다. 여하튼 이런 덕분에 많은 히트 컬래버레이션 시리즈를 계속 만나고 있다.

유니클로와 질 샌더의 컬래버레이션이었던 +J도 성공적인 컬렉션으로 꼽힌다. 2009년 SS와 FW 두 시즌이 나왔는데 오랜만에 질 샌더가 세상에 모습을 드러낸 것만으로도 충분히 화제가 되었다. 또한 질 샌더의 미니멀리즘이 유니클로식으로 나름 잘 표현되었다. 하지만 이 컬래버레이션으로 존재와 인기를 과시한 질 샌더가 브랜드 'JIL SANDER'의 디자이너로 다시 복귀했다가 시원찮은 몇 시즌을 거친 후 다시 나오는 일련의 과정을 보면 디자이너 질 샌더 여사에게는 어쩌면 독이 된 시리즈이기도 하다. 유니클로 역시 이후 컬래버레이션 시리즈에서 +J만큼 큰 인상을 준 컬렉션을 만들어내지는 못했다. 그러다 보니 심지어 2014년 말에는 '베스트 +J' 컬렉션이라는 이름으로 그 시절의 컬렉션을 재발매하기도 했다. 옷은 항시적인 아이템이지만 패션은 시즌을 사는 한시적인 아이템이라는 점을 고려한다면 이건 꽤 이상하게 보이는 일이다. 하지만 그만큼 유니클로가 베이직에 충실한 제품 중심이고 +J 컬렉션이 디자이너 하우스의 과격한 디자인과 적당한 조화가 이뤄져 나온 제품들이었다는 반증이기도 하다.

　　그리고 이세이 미야케에서 크리에이티브 디렉터로 있던 나오키 타키자와를 총괄 크리에이티브 디렉터로 영입한 것도 중요하다. 이와 더불어 프린트 티셔츠인 UT 부분에는 브랜드 베이프를 만들었던 니고를 데려왔다. 2014년에 있었던 유니클로의 프레젠테이션을 보면 지금은 뮈글러의 크리에이티브 디렉터로 있는 니콜라 포미체티가 스타일링을 담당하고 있는 걸 볼 수 있다. 튼튼한 자본력과 미래 지향을 바탕으로 지금 이 시점에서 패션 분야 최전선에 있는 일본인은 다 데려다 쓰고 있다. 이는 물론 위에서 말한 MD가 만든 옷, 멋지다고 말하기는 좀 어려운 옷임을 피하기 위한 방법이다. 그리고 더 큰 게 걸려 있는데 바로 미국 진출이다. 유니클로든 뭐든 패션 브랜드의 최종 정착지는 역시 소비 왕국 미국이다. 미국은 뭐든 경쟁이 치열하고 그래서 같은 제품이라면 거의 다른 나라보다 싸다. 게다가 고급품이 많이 팔리긴 하지만 그다지 패셔너블한 나라가 아니기 때문에 이미 마트 브랜드와 더불어 갭 등 베이직한 옷 분야가 많이 발달해 있다. 여하튼 많이 사주기 때문에 힘겨운 싸움에서 성공만 한다면 이익은 보장된다. 그리고 중국도 있다. 여긴 자국의 저렴한 브랜드가 많기 때문에 어차피 가격 경쟁력으로는 승부가 불가능하다. 이미 많은 베이직 의류 분야 라이벌이 있기 때문이기도 하고 그거만 가지고는 이익률이 신통치 않기 때문이기도 해서 유니클로는 디자인 부문을 최근 강화하고 있다. 그 핵심이 바로 인력의 확충이고 유명 디자이너의 합류다. 여하튼 이런 방향이 미국 그리고 중국 시장에서 성공하기 위한 현재 유니클로의 전략이라고 볼 수 있다. 아직은 두드러진 점유율을 보이고 있진 않지만 미국을 보다 공격적인 방식으로 공략할 거라는 언론 보도도 있었으니 두고 볼 일이다. 하지만 높아진 디자인 가격을 충당하기 위해 기능성 등의 이름으로 원단의 면, 울 등 보다 비싼 소재의 함유량이 크게 떨어지는 단점도 보인다.

── 어떻게 미래를 기다리는가

한때 립스틱, 미니 스커트, 고급 액세서리 등 불황 때 유행하는 품목이라는 게 있었다. 그것은 나름대로 고난의 기간을 이겨내는 지혜였고, 또한 미래에 대한 희망을 반영한 제품들이다. 하지만 그런 조짐은 2000년대 초반부터 슬슬 사라지기 시작했고 이제는 더 이상 유의미한 통계 수치를 보여주지 못한다. 가처분소득을 어디에 사용할 것인가는 어디까지나 가지고 있는 사람의 마음이고 중요 순위라는 게 어떤 식으로 변해갈지는 모른다. 생존이 더 중요해지는 순간부터 '멋 부리기' 같은 건 대개의 경우 1순위 폐기 대상이 된다. 그렇기 때문에 멋을 부리기 위한 옷이 필요한 사람들은 점점 더 한정적이 되고, 그에 따라 더 비싸진다. 그렇지 않은 옷들은 아래로 단편화되고 체계화된다.

　　특히 일정 공간에 장기 거주를 장담하지 못하고 몇 년에 한 번꼴로 이사를 가는 게 정례화되어 있는 경우, 게다가 언제 쫓겨날지 모르는 불안감을 조금이라도 안고 있는 경우엔 지금 입고 있는 옷 말고 나머지는 그게 멋지든 겨울에 따뜻하든 거대한 짐일 뿐이다. 가구도 마찬가지인데 이쪽은 아무래도 옷보다 더 비싸고 더 크기 때문에 이미 변화가 마무리 단계다. 요즘은 장롱 같은 걸 구입하는 젊은 사람은 찾아보기 어렵다. 괜찮은 집이라면 가구는 빌트인으로 들어가 있고 그렇지 않다면 어차피 들어갈 공간이 없기 때문이다. 그리고 이케아나 자주 등 브랜드가 이런 라이프스타일 변화에 맞춰 한국에 들어왔다. 집에 공간도 없고 가구도 없다면 보관이 어렵다는 점에서 좋은 옷은 더욱 처치 곤란이다. 물론 주말에 찾아갈 호텔 파티가 아직도 남아 있는 사람들에게는 여전히 패션이 필요하다. 하지만 지금처럼 고착된 경제 체계 안에서 딱히 그럴듯한 밧줄을 붙잡지 못한 채 패션이라는 게 끝나버린 언덕에 멍하니 서 있는 사람들은 이윽고 이런 제품들을 반갑게 맞이하면 된다. 실질저으로 패선을 포기하면 많은 것을 할 수 있다. 상어 그림이 그려져 있는 지방시 티셔츠 하나

가격이면 「원피스」 만화나 신라면 포장지가 그려진 유니클로 UT 티셔츠를 두 벌 사고 일주일에 한 번씩 80주 정도 극장에 가서 영화를 볼 수 있다. 만약 이게 선택지가 아니고 둘 다 할 수 있다면 자신의 경제 상황을 조용히 축복하면 그만이다. 또 그들이 지금 가격대로 디자인과 스포츠 분야를 강화해 나이키와 아디다스의 경쟁자가 되어준다면 학부모들은 남는 돈으로 애들에게 더 맛있는 저녁을 먹일 수 있으니 몸도 튼튼해지고, 가정도 더 화목해질 것이다. 사실 유니클로의 옷들이 더 기능적이 되면 여러 벌도 필요 없어지므로 빨리 여름엔 시원하고 겨울엔 따뜻하고 세탁을 최소화할 수 있어 물 부족도 해결할 옷을 만들어주기를 기대하며 응원의 메시지를 보내는 것도 좋을 것 같다.

　　　장기 불황과 극단적 소득 격차의 세계에서 유니클로가 불황 때만 만나는 친구가 아니라 우리의 진정한 동반자가 되기 위해선 앞으로 두 가지가 중요해 보인다. 우선은 더 넓은 타깃이다. 2013년 이후 TV 등에서도 볼 수 있는 유니클로의 얇은 다운 점퍼 광고를 보면 할아버지, 할머니, 아저씨, 아가씨, 아이까지 다 나온다. 바로 그런 폭넓은 레인지와 누가 입어도 어울릴 디자인의 계량이다. 그들이 모든 걸 커버해준다면 우리는 시대가 원하는 대로 옷에 대한 고민 따위 아예 던져버리고 보다 완연한 자유를 얻을 수 있다. 또 하나는 스포츠 라인의 강화다. 역시 타깃의 확대와 연결되는데 현대사회에서 끌려가는 일원으로서 가장 중요한 덕목은 바로 건강이다. 충치가 생기기 전에 이를 잘 닦아야 하는 거고, 건강보험이 부실해지기 전에 체력을 확보해놓아야 한다. 큰돈 드는 일을 미리 방지하는 일은 세상 그 무엇보다 중요해지고 있다. 조깅이라도 해보면 알겠지만 스포츠웨어들이 괜히 만들어지는 게 아니다. 그리고 이런 재충전이라도 있어야 사는 재미가 있다. 이런 방향을 소비자들은 이미 동물적으로 인식하고 있고, SPA 회사들도 마찬가지다. H&M이나 자라도 스포츠웨어 분야를 강화하고 있고 새로 나오는 컬렉션은 집중적인 홍보 대상이 된다. 2014년 말 H&M의 디자이너 컬래버레이션 시리즈는 알렉산더 왕의 스포츠웨어였는데 이런 범위 확장의 현 모습을 알려주는 지표라 할 수 있다.

　　유니클로도 이미 스포츠웨어 방면을 강화하고 있다. 얼마 전에는 나이키, 아디다스 등을 제치고 테니스 스타 노박 조코비치의 공식 스폰서가 되어 화제를 모았다. 매장에 가보면 얇은 나일론 재질의 스포츠용 톱이나 반바지 등을 볼 수 있다. 그럼에도 아직은 라인업이 부실한 편이고 특히 액세서리 분야는 거의 없다. 지금으로서는 운동복은 H&M, 잠옷 등 룸웨어는 유니클로라는 게 일반적인 인식이지

만 앞으로 더욱 많은 제품을 선보일 것으로 기대된
다. 그리고 IT 분야에서 시작해 라이프스타일 분야
로 굉장한 속도로 영역을 확장하고 있는 중국의 샤
오미 같은 기업의 움직임도 주시해야 한다. 야나이
타다시 회장은 이외에도 수백 개의 매장 오픈 계획
을 포함한 야심 찬 중국 플랜을 내놓았다. 하지만 유
니클로는 아직까지 불황의 옷이고 지금 중국에서 이
런 옷이 먹힐 구석이 별로 없다. 그곳의 선택지는 아
예 이름도 없고 가격이 무의미해 보이는 싸구려, 아
니면 구찌, 루이 비통, 스위스 시계 같은, 수천만 명
이나 된다는 부자들의 소비품뿐이다.

　　한국 내에서의 유니클로를 보면 처음에는 독
점 계약으로 롯데쇼핑에만 있다가(현재 지분 51퍼
센트는 패스트 리테일링이, 49퍼센트는 롯데쇼핑이
소유하고 있다) 2009년 독점 계약이 만료되면서 매
장을 사방으로 확대하고 있다. 모든 매장이 일본 본
사의 지휘 아래 확정되는데 유니클로가 들어오는 지
역의 상권이 번창하는 일이 반복되면서 동네에 유니
클로가 들어오기를 바라는 건물주들이 많아졌다고
한다. 론칭 5년째인 2010년 53개 매장에 매출 2500
억 원, 2011년에는 3600억 원을 기록했다. 2005년 이
후 연평균 60퍼센트 정도의 성장률이다. 유니클로에
서는 2014년 1조가 목표였는데 2015년에 매출 1조
를 달성해 의류 기업으로는 국내 최초로 매출 1조 원

기업이 되었다. 2020년에 3조 원 매출이 목표라고 한다.

　　경제나 사회 전반이 유니클로 같은 '패스트' 'SPA' 패션에 적합하게 아주 빠르게 변신하고 있으므로 상황을 탓하기보다는 조건에 맞는 최선의 선택을 하는 게 당연히 합리적이다. 2014년 말 이케아가 국내에 들어왔는데, 가구는 몰라도 하나 쓰는 옷걸이, 아니면 방에 기분 전환용 아이템이나 향초 등에 이제 더 취향을 불어넣을 수 있게 되었다. 패셔너블이 목표가 아니더라도 유니클로나 스파오 같은 날림 냄새가 나는 옷보다 튼튼한 옷감으로 잘 만들어진 옷을 사는 게 장기적으로 이익이라고 생각하는 사람도 분명히 있고 그것도 어느 정도 맞는 말이긴 하다. 중요한 건 그런 말을 하는 사람들이 이사비를 내주지 않고 관리비도 내주지 않는다는 거다. 게다가 장기적 미래가 어떤 모습이 될지는 지금 상황에서는 전혀 예측이 안 되는 상황이므로 집 비슷한 곳에서, 옷 비슷한 걸 입고, 가구 비슷한 걸 사용하는 사람이라면 인생을 사는 즐거움은 상상력의 범위를 조절해가며 자기가 만들어내야 한다. 앞서 말했듯 인간의 역사에 그러지 않을 수 있던 시절은 채 100년이 되지 않는다.

　　이상적인 패션은 이제 정형화된 패턴의 코스프레로 자리를 잡았다. 코앞의 생존이 문제였던 근

대 이전의 사람들에게는 코스프레조차 사치였으니
이는 현대인이 누린 특별한 즐거움임은 확실하다.
하지만 세상 돌아가는 걸 보고 있으면 이런 신선놀
음이자 잉여 자본 소비 놀음이 과연 언제까지 지속
될지 의구심을 지니게 된다. 일본이 잃어버린 10년
에 접어들자 유니클로는 동네에 있는 조금 큰 옷 가
게에서 일본을 대표하는 브랜드로 성장하고 회장은
일본 1위 갑부가 되었다. 자라도 스페인이 불황에 접
어들자 그룹 회장이 스페인 1위 갑부가 되었다. 양극
화는 점점 더 심해지고 고착될 것이다. 아마도 우리
는 계속해서 이렇게 살게 될 것이고 빠른 적응만이
살 길이다. 패션은 더 이상 만인의 친구가 될 수 없을
지 모른다. SF 영화의 제국이나 거대 행성의 큰 파티
에는 드레스를 입은 외계인들이 나오지만, 떼거지로
등장하는 이름없는 평범한 범부들은 모두 유니폼을
입고 있다. 집에 가면 각자의 삶이 있을지 몰라도 사
회가 요구하는 대체 가능성의 측면에서는 서로 다르
게 별로 없기 때문이다. 즉 코스프레에 드는 비용도
감당하기 어려운 상황이 다가오고 있고 그런 걸 요
구하지도 않는다. 다만 대리적인 삶을 영유하는 장
본인들이 서로 눈치 보느라 벗지 못하고 있을 뿐이
다. 사실 그런 상황이 아니어도 자아실현을 반드시
옷으로 해야 하는 특별한 이유가 있는 게 아니라면
패션 말고 다른 걸로 하는 게 좀 더 낫다. 즉 톱니바

퀴에 걸려 낮아지지 않고 있는 소비 패턴을 과감하게 바꿔야 하는 결단의 시기다.

'기능적으로 완성된 옷'이란 실로 대단한 잠재력을 지니고 있어 합의만 가능하다면 옷과 관련된 평범한 시민들의 일련의 고민들을 단숨에 소거할 수 있다. '나는 옷이 너무 재미있어, 쇼핑이 너무 재미있어'라고 말하고 싶은 사람도 많겠지만 자신이 처한 상황을 빠르게 계산해보고 뭔가 아니다 싶으면 빨리 취미를 다른 곳으로 돌리길 권한다. 영화라도 꾸준히 보고, 아니면 네이버 뮤직 정기권이라도 끊어서 노래라도 들을라치면 약간이라도 돈이 필요하다. 패션을 포기하면 많은 일들을 할 수 있다. 하지만 이성 친구도 사귀어야 하고, 몇 가지 남아 있는 사회적 의식들에도 참가해야 하는 상황에서 '쟤는 아무리 그래도 저렇게 입고 여기에 나타나다니' 하는 소리를 들으면 아무래도 의기소침해진다. 랑방은 아닐지라도 다만 요식행위를 위해 뭔가가 필요한 거다. 당장 유니클로가 미래형 신소재 표준 복장을 내놓고 일부 유한계급을 제외하고 그걸 유니폼처럼 입는다면 옷과 관련된 거의 모든 문제점들이 해결되겠지만 그럴 수는 없다. 과학의 발전도 미진하고, 인간의 본능도 여전히 남아 있다. 그러므로 현재를 과도기 상황으로 인식하고 유니클로 시그널링으로 이 문제를 해결하는 건 유력한 방법이 될 수 있다. 즉 유니클로를 입고 있으면 '아, 저는 옷을 입어야 한다니까 입고 있습니다만, 유니클로를 입고 있으니 저 따위로 옷을 입고 있다니 하는 생각은 말아주세요'라는 신호를 보내는 거고 받아들이는 사람도 '아, 쟤는 유니클로를 입고 있으니 코디나 옷 쇼핑에는 별 관심이 없고 다른 재미있는 걸 하고 있겠구나'라고 생각하는 사회적 동의가 성립된다면 모두가 득을 보는 이상적인 균형 상태가 만들어진다. 이런 훈련은 옷으로 타인을 판단하는 습성도 무너트릴 수 있다. 아무 상관없이 사는 자의식 강한 자들이 세상엔 있고 그 수는 늘어나야 한다. 그것은 훈련과 반복에 의해 가능하다.

　　마지막으로 왜 하필 일제냐 같은 반론이 어딘가에서 있을 수 있는데 이것은 글로벌 규모의 작업이 되어야 하기 때문에 비행기를 타고 어느 나라에 떨어져도 '아, 쟤는 유니클로를 입은 애구나'라는 마찬가지 평을 들을 수 있다면 심지어 세계의 안정에도 작게나마 이바지할 수 있을 것이다. 지금으로서는 유니클로 정도가 이런 일이 가능해 보인다.

3부
패션과 옷의
또 다른 길

패션 vs. 패션

페티시와 롤리타,
망가진 마음의 힘[1]

인간이란 꽤 답답한 동물이라 어디 한 군데가 막혀
버리면 엉뚱한 데 가서 분풀이를 하게 되어 있다. 그
러므로 망했건 어쨌건 패션이 그나마 제일 재미있고
다른 건 별로라면, 이 안에서 무슨 수를 내야 한다.
그렇다고 소비 전선에 나서면 파산 말고는 기다리
는 게 없다. 유명 연예인도 늦바람 나듯 패션에 빠졌
다가 차도 팔고 집도 팔았다는데 평범한 사람들에게
럭셔리 패션 월드는 너무 높은 산이고 굳이 올라갈
필요도 없다. 옷을 가지고 재미있게 놀 만한 다른 방
식을 찾아내면 된다. 그런 선택지 중 하나인 '의상'에
대한 이야기다.

　　　대체로 의상이라 하면 무대의상, 연극 의상,
공연 의상 등 용어에서 짐작할 수 있듯 특정 목적을
위한 옷을 말한다. 이 시점에서 사실 의상은 이미 옷

1　The Power of Broken Hearts. 샌프란시스코에서 열리는
BDSM, 레더 하위문화 축제인 폴섬 스트리트 페어 헤리티지에 적
혀 있는 문구.

이 아니다. 몸을 보호하거나 기분을 내려고 멋 부리는 것과는 거리가 멀어지고 해당 작품이나 맥락 안에서 의미를 갖기 위해 만들어진 물건이기 때문이다. 하지만 사람들은 의상이 지닌 강한 메시지 전달력과 주변을 환기하는 힘, 특유의 분위기에 주목했고 나름 근사하기도 했기 때문에 이걸 가지고 뭔가 해볼까 하는 상상력을 발휘하기 시작한다. 이런 부분만 보면 현실과 괴리가 있어 보이지만 이제 한국에도 핼러윈데이 등의 의상 축제가 있다. '눈에 익는' 단계가 어렵지 그것만 지나면 의외로 빠르게 진행되는 게 바로 옷과 관련된 문화의 특징이다.

　　의상을 의복화하는 건 많은 경우 자신이 아닌 다른 무언가가 되어보고자 하는 판타지를 실현하는 방식으로 선택된다. 특히 의상과 관련된 판타지를 가진 이들은 성적인 지점을 향하는 경우가 많다. 페티시 패션은 내제된 특성상 유난히 그런 경향이 강하다. 롤플레잉과 더불어 새로운 인격 장착을 위해 사용되기도 한다. 즉 자기 만족과 자기 완성의 세계에서 노는 방식이다. 사실 무엇에 빙의하기를 원하는지, 또는 무엇을 향하는지는 한 개인과 그와 관계하는 이들만의 영역이다. 아예 더 나아가 키구루미[2]처

2　着ぐるみ. 주로 동물을 포함한 만화 캐릭터 코스튬을 착용하는 하위문화. 물론 페스티벌 참여가 주가 되지만 코스프레나 패션으로 사용하는 사례도 있다.

럼 탈자아를 꿈꾸거나 탈인간을 꿈꾸는 퍼리 팬덤[3] 같은 의상 문화도 이미 커뮤니티를 형성하고 있다. 옷의 힘을 빌려 무언가에 빙의하고, 자신이 상정한 캐릭터를 실생활 안에서 구체화하며 연기하는 삶을 사는 건 교과서적으로 말하자면 자신의 일상을 탈바꿈하고 타인과의 관계에서 활력소로 기능한다고 볼 수 있겠다. 이런 건 의사소통의 도구로서 옷을 입는 것이니만큼, 일반적인 패션보다 더 나아간 활용 방식이다. 이런 취향을 가진다고 해도 대부분 잠시 기분 전환을 하거나 새로운 즐거움을 누리는 정도겠지만 조금 더 깊게 파고 들어갈 수도 있다. 여하튼 타인이 혹시나 이해가 안 가는 지점을 향해 달려가고 있다고 해서 굳이 따지고 들 필요는 없다. 뭐든 그렇듯 재미있어 보이면 같이하는 거고, 재미없어 보이면 그냥 딴 거 하면 된다.

　　여기서는 의상을 일상복으로 활용하려는 두 가지 예, 페티시 패션과 롤리타 패션에 대해 살펴보며 이 두 장르의 간단한 매뉴얼을 그려본다. 둘 다 변방의 옷이고 때로 모난 이들의 비웃음을 사기도 하

3　Furry Fandom. 주로 SF나 애니메이션에 나오는 동물 탈을 쓰고 이벤트 등에 참가하거나 생활하는 하위문화. 롤플레잉을 하지만 의인화가 기본이라 두 발로 걷고 말을 한다. 호모섹슈얼리티, 바이섹슈얼리티, 사이버 섹스 등의 성 문화와도 밀접하게 관련을 맺고 있다.

지만, 그런 저항 속에서도 일부 선지자들의 강한 자의식과 모험 속에서 의상과 옷의 경계를 넘나들며 점차 일상으로 편입을 시도하는 중이다. 항상 그렇듯 맨바닥에서 아무것도 모른 채 머릿속의 이미지만 가지고 무언가를 새로 시작하기는 어렵다. 이미 구축된 프레임을 살펴보며 특유의 프로토콜을 이해하고 받아들이는 것부터 출발해야 한다.

— 페티시 패션의 프로토콜

페티시 패션과 롤리타 패션은 한때 반대 성향의 장르로 거론되곤 했다. 페티시 패션은 보통 은밀한 욕망을 가감 없이 드러내며 자신을 적극적으로 어필하는 데 중점을 두는 데 반해, 롤리타 패션은 디테일에 집착하며 자기만의 19세기, 빅토리아시대 속으로 파고드는 듯한 성격을 보이기 때문이다. 여전히 이런 경향이 있기는 하지만 기본적으로 이 분야를 끌고 가는 힘은 똑같이 상상력이다. 비록 특정 장르라는 속박에 묶여 있다고 해도 경계는 없다. 여성을 유혹한다며 라텍스 속옷을 입든 남성을 유혹한다며 수제 레이스가 달린 러플 드레스를 입든, 아니면 홀로 우뚝 선 드래그 퀸이 되고 싶든 그런 거야 자기들이 알아서 할 문제다. 인생의 첫 번째 라텍스 바지를 입어보며, 또는 레이스 코르셋 같은 걸 입어보며 어딘가에서 열리는 페티시 파티나 롤리타 다과회 모임에 첫 발을 내딛게 될 테고, 그 순간부터는 경험이 더 많은 메시지를 던져준다.

페티시 패션은 사실 우리나라에서는 너무 과감하게 나가면 자칫 경범죄나 공연음란죄 등 법률적 구속의 경계에 놓일 수 있다. 하지만 스터드나 가죽 등으로 된 페티시 패션 아이템은 이제 꽤 흔히다. 그리스비앙 루부탱의 스터드 아이템이나 크롬 하츠의 고딕풍 아이템은 아이돌도 달고 나온다. 롤리타 패션은 유행의 피크를 이미 넘어서긴 했지만 천천히 끝까지 가는 지지자들에 의해 스테디셀러가 되어가는 중이다. 게다가 문제가 될 만한 건 보통 옷 안에 숨겨져 있어서 특별한 이유가 없는 한 관련 없는 사람은 볼 일도 없다.

섹슈얼을 반영하는 패션 트렌드가 개인과 사회 안에서 성 정체성 확립에 도움을 줄 수도 있다는 관점에서 옷은 사회를 가늠해보는 중요한 척도 중 하나라는 주장도 있다.[4] 페티시 코르셋, 아우터로 활용되는 속옷, 컨템포러리 디자이너들의 고무나 가죽 등 킹키(kinky)한 패브릭을 활용하는 옷에 대해 일반적인 사람들이 어떻게 생각하느냐, 어떤 이들이 어떤 식의 반감을 가지느냐는 우리 문화에서 평범과

4　Valerie Steele, *Fetish: Fashion, Sex & Power*, London: Oxford University Press, 1997 참조.

도착(倒錯) 사이의 경계를 희미하게 할 의지의 시그
널이 될 수도 있다. 이게 받아들여지는 만큼 다른 문
화 영역에서도 허용의 폭이 넓어질 가능성이 높다는
의미다. 한국의 경우 이 부분에서 아이돌, 걸그룹의
역할이 무척 크다.

우선 페티시 패션을 말할 때 구별할 게 있다.
첫번째로 신발 페티시, 네일 페티시, 목줄 페티시 등
옷 그 자체나 각종 액세서리에 대한 애호에서 성도
착에까지 이르는 각종 페티시다. 이건 오랜 역사를
가지고 있는 개인의 취향으로 페티시 패션과는 작
동 방향이 반대고 굳이 페티시풍으로 드러나지 않더
라도 어떤 아이템에든 생길 수 있다. 페티시라는 단
어의 의미는 폭이 꽤 넓어서 특히 패션에 대한 페티
시(또는 패션 안의 페티시즘)와 페티시 패션은 많은
곳에서 딱히 구분 없이 혼용되고 있다. 여기서 이야
기하는 건 후자인 페티시 패션이다. 즉 전형적인 페
티시즘의 대상인 아이템들이 패션 안으로 들어간 다
음 다시 페티시풍의 패션으로 만들어진 거다.

유니폼을 이용한 코스프레, 가면, 기괴한 옷 등
등도 마찬가지로 페티시 패션으로 자주 취급되지만
구별해야 한다. 여기서 말하는 코스프레는 이 책 앞에
서 언급한 롤 플레잉을 위한 코스프레가 아니라 '코
믹' 행사 같은 데 가면 볼 수 있는 코스프레다. 예를 들
어 「원피스」에 나오는 해적단의 간호사를 코스프레

한 사람과 분홍 간호복으로 멋을 낸 페티시 패션을 착용한 사람은 겉모습만 가지고는 구별이 어렵다. 하지만 양자에는 태도의 차이가 있다. 연기의 대상이 무엇인지도 다르다. 코스프레는 기존에 존재하는 캐릭터의 해석이라는 점에서 페티시 패션과 접근하는 방식이 다르다. 그런 만큼 참여자의 목적과 옷의 해석 과정도 전혀 다르게 진행된다. 하지만 사는 일이 그렇듯 확연하게 갈리는 건 아니고 섞일 수밖에 없는데, 라텍스로 된 프랑스 하녀 의상을 입고 있는 일본의 메이드 카페 종사자의 경우 유니폼 코스프레이기도 하고, 페티시 패션이기도 하다.

　　이 책에서 이야기하는 페티시 패션은 가죽과 스터드, 라텍스와 PVC 등으로 이루어진 패션의 한 분파를 말한다. 이 계열은 2차 대전이 끝나고 게이 모터사이클 클럽에서 탄생한 레더 프라이드 커뮤니티에서 시작되었다. 이후 롭 헬포드 같은 록 뮤지션들의 헤비메탈 패션이 되기도 했다. 이런 식으로 비슷한 취향을 가진 레더 문화와 BDSM 등이 영향을 주고받으며 성장해가고 있다. 페티시 패션이라고 하면 주로 이 맨 마지막 단계에 집중한다. 사실 각자 기반한 생각과 디테일의 차이가 있기 때문에 이걸 뭉뚱그려 독립된 장르라고 보기엔 모호한데, 이미지 상으로는 게이 문화, 레더 프라이드, 그리고 D/S나 S&M을 하는 일군의 사람 등을 떠올려보면 된다. 여기에 고딕, 그로테스크, 코스프레 등의 캐릭터 플레이가 복잡하게 섞이고 동시에 상호 영향도 주고받으며 함께 꾸준히 나아가고 있다. 한국도 예전에 룰라 멤버 김지현의 캣우먼이나 조권, 지드래곤 등등 페티시 패션을 차용한 의상의 흐름이 꾸준히 있었다. 하지만 보통 일반적인 옷과 분리된 무대의상으로 여기기 때문에 그저 저런 것도 있다더라 정도로만 인식한다. 또한 언론에서 이러한 패션을 대부분 '민망' 같은 단어로 기사화하는 수준이라 개개인에게 이런 비주류 패션 문화가 받아들여지는 정도의 차이가 무척 크다. 즉 사람마다 인식의 상태는 다르겠지만 평균적으로는 매우 보수적이다.

　　페티시 패션의 기본 아이템들을 살펴보면 우선 인공적인 냄새를 강하게 풍긴다. 따라서 일반적인 상황에서 의복으로 사용하려면 약간의 용기와 옷에 대한 생각의 전환이 필요하다. 더구나 불특정 상대에게 연유를 알 수 없는 거부감을 일으키는 경우도 많다. 하지만 애초에 아무 생각도 없는 이들에게 거부감을 일으키며 감각을 환기시키는 게 이 장르의 탄생 이유이자 목표 중 하나이기도 하니 그건 당연한 일이다. 원단으로도 가죽이나 PVC, 라텍스 그리고 금속성 부자재 등 인공 합성 소재가 많이 사용된다. 순수 PVC, 라텍스 등으로 된 의류는 추위와 더위에 매우 취약하다.

페티시 패션만의 특징적인 아이템으로는 스틸레토 힐, 발레 부츠, 호블 스커트와 코르셋, 스타킹과 가터 등을 들 수 있다. 이외에 액세서리로 록(잠금 장치), 링, 사슬 등 BDSM의 아이템도 자주 활용한다. 어차피 패션에서 순혈주의라는 건 성립이 불가능하다. 페티시 패션 역시 비슷한 부류의 다른 계열에서 마음에 드는 것을 거침 없이 수용해 자기화하며 폭을 넓혀간다.

모자에서 상하의 혹은 드레스, 그리고 구두까지 내려오는 기본 장착 아이템은 일반 옷과 같다. 다만 최근 들어 파리나 밀라노 등 주류 패션위크에서도 큰 영향을 미치고 있는 남녀 구별이 무의미한 젠더리스 타입이 예전부터 많았다. 옷의 불편함 같은 건 거의 상관하지 않고 오히려 불편함과 아픔을 조장하는 것들도 종종 보인다. 옷에 가려지는 몸의 부위가 얼굴이고 대신 드러나는 부위가 가슴이나 엉덩이 등인, 일반적인 옷과는 애초에 방향이 다른 경우도 흔하다. 사회 질서에 맞춰 몸을 가린다 해도 몸매를 고스란히 드러낸다. 최근에는 라텍스 쪽 사용 인구가 늘어나고 있는데 컬러 말고는 피부와의 경계를 알아보기 어려울 정도로 얇은 재질의 옷이 많다.

일단 시작이 가죽이었고 이후 PVC나 라텍스 등을 주된 원단으로 사용하게 된 만큼 기본 컬러는 블랙이 주류다. 페티시 패션과 비슷한 뿌리를 가진 고딕 패션의 경우 베일이나 레이스, 드레스 같은 아이템들에 실크나 면 등도 사용하기 때문에 소재 특유의 불투명한 느낌이 있다. 하지만 페티시 패션은 주로 반짝거리는 광택이 나는 소재를 가장 바깥에 전면 배치하는 식이다. 가죽 전통에서 시작해 과학의 발전에 따라 소재가 다양해지며 가죽을 대체한 결과다. 더구나 가죽이 진입 관문인 시절에는 비싼 가격에 주춤하는 경우가 많았는데 이제는 아예 가죽을 완전히 배제한 라텍스나 PVC 자체 문화가 존재할 정도로 성장했다. 간혹 특정 직업의 유니폼은 블랙 외의 다른 컬러를 사용하는 경우도 있다. 간호사나 밀리터리가 그 예다. 그리고 이런 마니악한 취향은 대개 파편화와 재결집의 과정을 거치며 성장해가는 법이다. 최근에는 라텍스 덕분에 컬러가 매우 다양해지면서 반투명 오렌지, 브라운 등 라텍스 특유의 컬러 톤을 잘 살린 옷들이 늘어나고 있다. 기존에 사용하던 소재에서는 나오지 않던 독특한 컬러가 대거 등장하면서 특히 주류 패션계에서도 신인 디자이너들의 관심을 끌고 있다.

　　페티시 패션에서 가장 중요한 의미와 영향력을 지닌 건 역시 속옷 분야라고 할 수 있다. 브라와 브리프, 서스펜더, 코르셋과 바스크, 뷔스티에 등등 기존의 아이템을 가져다 마치 곡예를 넘듯 극한으로 끌어가고 있다. 돌체 앤 가바나 등이 주도했던 란제리 패션처럼 속옷을 아예 그냥 아우터로 이용하는 경우도 많고, 몸보다 작게 만들어 터질 것 같은 라텍스 드레스 사이로 촘촘한 레이스로 된 브라나 브리프를 내보이며 소재 간 간극의 미학을 살리는 것도 쉽게 만날 수 있는 조합이다. 이런 페티시 패션 계열의 속옷은 좀 더 일반적인 란제리 브랜드나 패션 디자이너의 속옷 컬렉션에 큰 영향을 미쳤다. 이 영향은 요즘 들어 점점 커지고 있는데 특히 고급 란제리에서 강력해지고 있다. 코르셋이라는 게 빅토리아 시대부터 있던 아이템이라고 하지만 아장 프로보카퇴르나 보델, 러스트, 카린 길슨, 벨다 로더, 쿤자 그리고 빅토리아 시크릿 등 고급 란제리 브랜드에서는 페티시 문화의 영향을 받은 더 과격하고 유혹적인 제품을 출시하고 있다. 그리고 2015년을 기점으로 주류 디자이너들도 '바깥에 내보이는 속옷'을 대거 선보였다. 밝은 분위기의 겉옷에 페티시풍의 과감한 속옷을 조합시키는 간극을 즐기는 이들이 늘어나며, 겉옷과 속옷의 구별을 무의미하게 만드는 패티시 패션이 최근 트렌드를 이끌고 있다.

　　페티시풍의 겉옷은 크게 일반적인 페티시 복장인 탑, 팬츠나 드레스, 그리고 코스프레 유형의 의상으로 나눌 수 있다. 본격적인 코스프레 의상은 너무 이벤트성이라 파티나 침대에서라면 몰라도 페티시 패션의 일파로 이야기하기엔 간극이 좀 있고 취향도 탄다. 더 복잡하고 거추장스러운 페티시 장르의 겉옷으로는 벌레스크[5], 마녀 룩, 머스켓티어[6] 같은 종류를 들 수 있다. 하지만 이런 종류는 사실 핼러윈 같은 날이 아닐 때 함부로 시도하기엔 품이 너무 든다. 이외에 메이드, 스쿨, 메디컬, 밀리터리 4인방은 말하자면 일상 코스튬계의 스테디셀러로, 비페티시 계열에서 일반인이 시도할 수 있는 섹슈얼한 페티시 코스튬이라면 이 넷 정도다. 하지만 이렇게 대상이 너무 뚜렷한 건 페티시 '패션' 장르로서는 그렇게까지 흥미롭진 않다.

― 초심자를 위한 가이드

코스프레를 제외하고 페티시 패션 아래 묶인 옷들은 생김새가 비슷하기 때문에 소재에 따라 가죽, PVC, 라텍스 등으로 나눌 수 있다. 가죽은 전통적인 아이템이라 잘 알려져 있으니 여기서는 생략한다. 라텍스 등 신소재는 페티시 패션을 시도해보고 싶지만 비싸서 못하던 사람들에게 새로운 세계를 열어줬다. 가죽 계열과 신소재 계열은 커뮤니티가 약간 분리되어 있다.

5   Burlesque. 프랑스어 발음을 살려 뷔를레스크라고도 한다. 원래는 문학 용어인데 성적인 농담 위주의 연극 코스튬에서 시작한 의상을 일컫는다. 코르셋과 드레스가 결합된 형태가 많다.
6   Musketeer. 중세 전투 복장. 「캐리비안의 해적」 같은 중세물 판타지 영화에서 볼 수 있다.

　　라텍스는 특유의 얇음 덕분에 좀 더 몸에 달라붙는 의상 연출이 가능하다. 라텍스 러버라고도 하는데 원래는 옷감으로 개발된 건 아니었고 보호복, 가스 마스크 등에서 사용했었다. 이후 웰링턴 부츠에서 거의 처음으로 일상 의복에 적용했고 매킨토시 코트가 이걸 레인코트에 활용하면서 클래식 계열에서도 사용하고 있다. 페티시 패션 계열에서는 몸에 딱 달라붙는 소위 '제2 피부 효과(second skin effect)'를 선호하는데 라텍스는 0.18~0.5밀리미터 두께로 제작이 가능하기 때문에 이에 적합하다. 레오타드나 장갑, 보디슈트, 드레스 등을 만든다. 리퀴드 라텍스도 있어서 그냥 몸에다 발라 보디 페인트 비슷하게 만들어 사용하기도 한다.

　　PVC는 보통 폴리에스테르 섬유에 반짝이는 플라스틱 코팅을 해서 만든다. 플라스틱 코팅 부분은 PVC 또는 PU(polyurethane)로 하는데 둘의 효과가 다르다. PVC가 많아지면 더 반짝거리고,[7] PU가 많아지면 더 부드러운 빛이 난다.[8] 활용 방향이 라텍스와 약간 달라서 가죽을 따라 하려는 대체재 느낌이 있고 지금 보자면 더 오래된 물건이라는 느낌이 들지만 특유의 반짝임과 염색을 했을 때 컬러

7　　가죽과 비슷하다고 해서 페더(peather)라고 한다.
8　　페더와 대비해 웨트룩(wetlook)이라고 한다.

톤의 매력 덕분에 두터운 팬층이 있다. 같은 아이템이라면 라텍스 쪽이 약간 비싸다.

페티시 패션 중에서도 가죽을 배제하고 라텍스와 PVC 쪽을 유난히 좋아하는 사람들을 따로 분리해 러버리스트(Rubberist)라 부르기도 한다. 이 계열만 전문으로 다루는 『아톰에이지(*AtomAge*)』, 『드레싱 포 플레저(*Dressing for Pleasure*)』, 『스킨 투(*Skin Two*)』 등 잡지도 따로 있다. 『아톰에이지』는 1962년 존 서트클리프가 만든 영국 잡지인데 최초의 러버리스트 전문지다. 게이 러버리스트는 '러버멘(Rubbermen)'이라고 부른다. 좀 더 열정적인 사람들은 사용하는 모든 일상복을 이 소재로 바꿔 제작해 입고 다니기도 한다. 사실 이쪽 계열은 잠수복, 비옷, 수술용 장갑 등 워낙 비일상적인 흥미를 불러일으키고 누군가의 성적 판타지를 자극하는 게 많아서 아이템별 페티시스트들도 대거 존재한다. 고무에 의한 호흡 제어(숨 못 쉬게 하는 거), 고무 질감, 고무 냄새 페티시 등 종류도 다양하다.

옷에 대해서는 노출이 많고 몸에 착 달라붙는다 말고는 딱히 표현할 수 있는 게 없다. 그러나 이런 종류의 하위문화는 보통 전형적인 틀을 따르기 마련이고 그렇기 때문에 가시성이 높아서 관계없는 타인도 몇 가지 상식만 가지고 있으면 인식하기 쉽다. 실제 페티시 패션을 시도할 때는 옷의 소재가 특수하기 때문에 각종 폴리시, 클렌징 스프레이로 세척하고 광택 유지도 해줘야 한다. 잘 입고 잘 벗기 위한 약품도 있다. 특히 라텍스는 건조한 피부에 입고 벗기가 매우 어려워 탈크(talc), 루베(lube) 등등의 약품을 사용하기도 한다. 자동차와 자전거에 사용하는 세척용 디그리셔나 윤활용 구리스와 비슷한 역할이라고 생각하면 된다. 어쨌든 이것만 입게 만들어져 있으니 외부의 날씨에는 대응이 어려운 편이고 그게 의복으로서 가지는 약점인데 요즘은 패딩 같은 겨울용 겉옷을 내놓는 디자이너들도 있다.

　　이외에 액세서리들이 있다. 이쪽은 BDSM에서 많은 걸 가져왔고 거의 그대로 활용한다. 옷감으로 사용되는 PVC 등이 이미 섹스 토이 등에서 많이 사용되고 사실 활동 커뮤니티도 겹친다. 목끈(collar, 유행이 약간 지나갔고 요즘은 D/S에서도 잘 안 쓴다) 스팽커나 니플 클램스(nipple clamps), 마스크 같은 것들이 자주 쓰인다. 일상적인 아이템으로 활용하기는 좀 그럴지 몰라도 재갈이나 팔목/발목용 커프스도 전통적으로 인기가 많은 아이템이다. 마놀로 블라닉 등의 디자이너 덕분에 스터드 같은 건 일상용으로도 매우 흔하게 쓰인다. 알렉산더 맥퀸도 펑크 아이템이기도 한 옷핀 피어싱 제품을 내놨었다.

　　최근의 페티시 패션은 페티시, 퍼포먼스, 문

신, 고딕, 킹크, 판타지, 하이퍼 리얼리티와 음란함
이 한데 얽혀가고 있다. 사실 이게 잠시나마 주류 패
션계에서 트렌드가 되었던 적이 있긴 했다. 하지만
2010년을 기점으로 전반적으로 내리막인데 이는 써
먹을 만한 것들은 아예 기존 패션의 카테고리 안으로
흡수되었기 때문이다. 파리나 밀라노의 디자이너 하
우스, 예를 들어 90년대의 티에르 뮈글러, 이브 생 로
랑, 피에르 가르뎅 그리고 2000년대의 알렉산더 맥
퀸이나 존 갈리아노 등이 컬렉션에서 페티시 패션과
관련된 액세서리들을 많이 활용했다. 그리고 이 장
르에 팔 하나쯤 걸친 채 계속 가고 있는 장 폴 고티에,
라텍스 옷만 10년 넘게 파고 있는 디자이너 쿠도 아
츠코, 최근 영국의 신인 디자이너 피비 잉글리시 등
도 기존 옷에서는 볼 수 없었던 재미있는 작업을 선
보이고 있다. 그러나 페티시 패션 자체는 디자이너
들의 자극제나 팝 가수들의 무대의상을 넘어 일반 대
중에게 활발하게 다가가고 있지는 못하다. 사실 이
장르가 트렌드의 중심이어서 너도나도 입고 다니는
사회도 생각해보면 정상은 아니다. 그렇지만 유행이
든 아니든 이 장르를 꾸준히 파고들며 즐기는 이들은
사라지지 않을 거고 지금과 비슷한 식으로 유지될 건
분명하다.

── 롤리타 패션의 짧은 역사

롤리타 패션은 일단 이름에서 소아성애 같은 음란물을 떠올리는 경우가 많은데 그것과는 많이 다르다. 요즘 민속 의상 같은 걸 입은 헐벗은 10대 초반 소녀 사진이 올라오는 어덜트 계열 쪽에서는 롤리타 대신 님프 등의 단어를 더 자주 쓰는 것 같다. 참고로 롤리타풍 어덜트 비디오가 일본에 본격적으로 등장한 건 메이드 카페가 대대적으로 보도된 2004년 즈음이다. AV 계열 입성은 대중성의 바로미터이기도 한데(뭐든 바이럴한 건 빨아들인다) 그렇기 때문에 롤리타 하면 메이드를 우선 떠올리고 이어서 D/S나 페티시, 코스프레를 차례로 떠올리는 이들이 여전히 많다. 그러나 롤리타 패션의 이미지는 저런 성인물보다 오히려 『이상한 나라의 앨리스(*Alice's Adventures in Wonderland*)』(1865)에 나오는 삽화나 「불량공주 모모코(下妻物語)」(2004) 등의 영화 쪽이 더 정답에 가깝다. 특히 『이상한 나라의 앨리스』는 초기 롤리타 패션 형성에 지대한 영향을 미쳤다. 여기서 발전해 마음에 드는 게 있으면 갖다 쓰는 식으로 하위 장르가 만들어졌다. 예를 들어 롤리타 패션을 좋아하는 사람이 페티시 패션의 피어싱에도 취미가 있으면 데코라(Decora)라는 장르가 있고, 핑크 네온 톤을 강조히면 페어리 케이(Fairy Kei)라는 장르가 있다. 이외에도 롤리타 패션을 중심으로 모리갸루(森

ガール, 숲속 소녀풍), 돌리 케이(Dolly Kei, 앤티크 인형풍) 등등 동화풍 소녀가 나오는 거라면 뭐든 비슷한 연장선상에서 커뮤니티를 형성하고 있다. 이외에도 애매모호하게 여러 부분이 겹친 하위 응용 범주들이 존재한다.

　　롤리타 패션의 하드코어 마니아들은 반(反)코스프레, 반(反)이벤트, 반(反)섹슈얼리즘을 자주 주장한다. 즉 롤리타 패션이라는 건 어디까지나 자기 만족의 세계이며 자신을 '귀엽게', 혹은 '엘레강스'하게 만드는 게 목적이기 때문에 성적인 코드와는 별로 관계가 없다는 거다. 하지만 롤리타 패션이라는 게 빅토리아시대의 곱게 자란 '아무것도 몰라요' 귀족 아가씨를 이미지화하다 보니 그런 정서를 유지하는 것일 뿐 대부분 딱히 적극적으로 반연애주의나 반섹슈얼리즘을 대변한다는 의미는 아니다.

　　롤리타 패션은 우리 주변에서도 가끔 볼 수 있고 시각적 이미지는 많은 이들에게 익숙하니 여기에서는 가볍게 역사를 훑어본다. 1980년대에는 롤리타, 롤리타 룩, 롤리타 패션 등의 용어가 혼재되어 사용되었고, 롤리타 패션이라는 말이 지금과 같은 의미로 사용된 건 1990년대 들어서다. 좀 더 정확하게 말하자면 1994년 10월 26일 일본 잡지『여성 세븐(女性セブン)』에서 '롤리타 패션'이라는 말을 지금과 같은 의미로 처음 사용했다고 한다. 하지만 확실

치가 않은 게 1987년 일본 잡지 『유행통신(流行通信)』에 '롤리타 패션 비판'이라는 기사가 실린 적도 있고, 역시 1987년 말 광고회사 덴츠의 보고서도 롤리타 룩에 대해 이야기하면서 그 특징을 '미니 길이의 플레어 스커트, 흰 옷깃, 프릴과 리본 등의 디테일'이라고 정의하는 등 이미 용어가 사용되고 있었다. 조금 더 거슬러 올라가 70년대에 브랜드 밀크가 시작되었을 때부터 하라주쿠를 중심으로 자생적으로 만들어졌다고 보는 시각도 있다. 그러다가 1980년대 초의 인디 음악 팬들인 나고무갸루,[9] 비슷한 시기 『올리브(Olive)』라는 잡지를 구독하던 소녀들, 그리고 80년대 말 비비안 웨스트우드의 패건 이어스(Pagan Years)라 불리는 영국 왕실풍 패션의 영향 등등 속에서 밀크나 핑크하우스 같은 초창기 롤리타 패션 브랜드들이 등장했다. 이후에는 코스프레 쪽의 제작 의상과 일부 맞춤 의상을 제외하면 주로 전문적인 롤리타 패션 브랜드들이 장르를 이끌어가고 있다고 볼 수 있다.

롤리타 패션의 기본은 점퍼 스커트라 부르는 소매 없는 드레스다. 안에 블라우스를 입고 그 위에

---

9   나고무는 1983년에 시작된 일본의 인디 음악 레이블이다. 이 레이블 소속 밴드의 라이브에 독특한 패션을 한 사람들이 많아 하위문화의 한 축을 형성했는데 여성은 나고무갸루(-girl), 남성은 나고무키즈(-kids)라고 불렀다.

점퍼 스커트를 입는다. 이외에 버슬[10]이나 러플 스커트도 기본 아이템으로 인기가 많다. 『이상한 나라의 앨리스』를 보면 앨리스가 드레스 앞에 앞치마를 하고 있는데 이것도 많이 따라 한다. 페티시 패션과 마찬가지로 롤리타 패션의 속옷도 중요하고 복잡하다. 즉 둘 다 코르셋이 중심이다. 18세기 영국과 프랑스에서 유행한(원래 기원은 16세기 스페인으로 알려져 있다) 코르셋으로 허리를 줄이고, 시폰 등으로 만든 파니에로 엉덩이 부분 스커트를 넓게 퍼지게 해 나오는 실루엣은 롤리타, 고딕, 페티시 패션 모두 중요시한다. 이건 원래 몸의 라인을 무시하고 보이지 않게 한 다음 이상적으로 상정된 아름다운 모습을 몸체 위에 주조해내는 방식이다. 물론 이 모습 자체가 극단적으로 강조된 몸의 형태이기 때문에 사람의 몸 자체를 완전히 무시하고 있다고 보기는 어렵다. 거기에 속바지로 드로어즈를 입는데 이 밑단을 드레스 아래로 은근슬쩍 드러내는 게 롤리타 패션의 중요한 특징이라 할 수 있다. 전반적으로 옷이 매우 복잡한 레이어를 만들며 몸을 감싸고 있고 어디를 들춰봐도 다른 옷이 나오게 되어 있다. 한 군데만 비어 있어도 티가 많이 나고 허전해 보인다. 그러므로 전체 균형을 위해 장갑, 모자, 양말 등을 사용해 나머지 부분

---

10 bustle. 허리나 등 쪽에 대서 스커트를 부풀게 만드는 도구.

도 균일한 밀도로 감싼다. 마찬가지 이유로 샌들이
나 뮬처럼 맨발이 너무 드러나는 신발은 신지 않는
다. 즉 레이스 같은 걸로 온몸을 꽁꽁 둘러싸고 있다
고 보는 게 맞다.

　　롤리타 패션 역시 페티시 패션과 마찬가지로
꽤 오랫동안 다른 문화에서 영향을 받으며 일군의 지
지자들과 함께 지하에서 암약해왔고 몇몇 대중문화
를 타고 세상에 언뜻언뜻 내비치며 존재를 알렸다.
그러다가 영화나 패션 디자이너 등 주류 씬을 통해
존재를 확립하는 절차를 밟아왔다. 정통 롤리타 패
션을 고수하는 동호인들도 있지만 워낙 여성스러운
아이템들로 이뤄져 있기 때문에 과하게 나가지 않는
범위 안에서라면 좋아하는 사람들도 많다. 특히 소
품들이라든가, 청바지 등 일반적인 의복에 양념처럼
러플과 레이스로 된 옷을 겹쳐 입는 식으로 롤리타
패션의 분위기에 한 발을 얹어 러블리한 모습을 만들
어보는 건 꽤 재미있는 코디 방법이다.

　　파리와 밀라노의 컬렉션 등 주류 패션계에서
도 롤리타 패션의 영향을 받은 옷을 자주 볼 수 있지
만 롤리타 패션과 더불어 19세기 귀족풍의 구현이
목적인 경우도 많다. 즉 오래된 형식을 재현하다 보
니 비슷한 방식이 나타나는 거다. 하지만 거울이나
우산, 모자나 양말, 서스펜더 등 소도구 쪽에는 직접
적인 영향을 미치고 있다. 특히 꽤 자주 롤리타 패션

에 관심을 보인 칼 라거펠트나 안나 수이 같은 디자이너들은 롤리타 패션의 아이템들과 상호 영향을 주고받는다. 일본의 몇몇 디자이너들은 아무래도 이 패션의 발상지이기 때문에 패션위크 등을 통해 거의 필터를 거치지 않은 본격적인 롤리타 패션을 선보이기도 한다. 한국은 주로 폐쇄적인 동호회와 이벤트 중심으로 자기들끼리 모여 티 파티를 열거나 하며 교류하는 경우가 많은데, 2012년에는 롤리타 잡지 『보닛(Bonnet)』이 창간되었고, 공개 롤리타 패션 파티 등도 개최되고 있다. 이런 모임과 별도로 시내를 돌아다니다 보면 일상적으로 순화된 고스로리풍 패션을 근사하게 구사한 이들을 종종 볼 수 있다.

롤리타 패션은 비록 그 모티브는 빅토리아시대의 유럽 옷이겠지만 매우 전형적으로 아시아다운 옷이다. 다른 맥락을 지닌 의상을 받아들여 분해한 다음 취향에 맞게(그러면서 자국 특유의 분위기가 들어간다) 극단적인 형태로 재구성해났기 때문이다. 즉 페티시 패션이나 고딕 패션과 마찬가지로 살아본 적도 없는 빅토리아시대를 취향에 기반해 상상으로 재구성하고, 이에 따라 왜곡과 변형이 일어난 결과다. 이런 점에서 주어진 아카이브를 기반으로 과거를 정확히 재현하는 레트로 패션인 복각과 접근 방식이 아예 다르다. 또한 최근 들어 미국과 북유럽, 남미 등지에서 롤리타 패션을 파고 있는 모습을 볼 수 있는데, 이들은 유튜브나 텀블러, 포럼 등을 통해 매우 적극적으로 활동하고 있다는 점에서 지금까지와 양상이 약간 다르다. 이는 꽤 흥미로운 점이고 빈티지 아메리카 캐주얼의 대표인 복각 청바지가 어느덧 일본이 주 생산국이 된 것과 맥락이 비슷하다. 즉 크게 봐서는 일본 문화의 미국, 유럽 유입과 함께하는 거다. 그렇다고 해도 사실 롤리타 패션은 반응이 좀 느리게 온 편이다. 2008년 롤리타 패션을 다뤘던 『뉴욕타임스』 기사는 롤리타를 단지 옷 입는 방식이 아니라 마음의 상태, 그리고 삶의 방식이라고 말하면서 지금까지 삶의 방식에 대한 일종의 반란이라고 주장했다.[11] 패션을 바꾼다는 건 역시나 기성세대에게 변혁적으로 읽히기 마련이다.

11   Dabrali Jimenez, "A New Generation of Lolitas Makes a Fashion Statement," *The New York Times*, September 26, 2008.

패딩
전성시대

패딩 전성시대다. 매년 아웃도어 의류 그러니까 등산복 유행이 이제 끝나지 않을까 생각하고, 겨울이 다가오면 패딩의 유행이 끝나지 않을까 생각해온 것 같은데 그 상태가 벌써 몇 년째 이어지고 있다. 더구나 이 유행은 끝나기는커녕 캠핑과 달리기, 자전거, 스케이트보드 등으로 오히려 종목이 확대되면서 더 다양해지고 있다. 물론 너무 많이 생산해서 재고 처리 물량도 이제는 자주 볼 수 있지만 그 역시 이 분야가 워낙 활발하게 움직이다 보니 나오는 부작용이다. 이러는 동안 우리나라 아웃도어 시장의 규모는 2006년에서 2009년 사이에 두 배가 되었고, 2009년부터 2011년 사이에 다시 두 배가 되었다. 이런 현상이 여기에서만 벌어지는 게 아니다. 한국이 비정상적으로 높은 성장률을 보이긴 하지만 중국도 그렇고 전 세계 어디를 봐도 다들 비슷하게 아웃도어 부문 매출이 크게 증가하고 있다.

　　이런 현상이 왜 발생하고 있느냐에 대해선 여러 가정이 가능할 텐데 크게 봐서는 포멀 슈트가 가지는 원래 역할과 가치가 낮아지는 현상, 즉 옷을 갖춰 입는 행동의 중요성이 전에 비해 낮아지는 현상과 관련이 있다. 물론 슈트는 여전히 잡지에서 이것이야말로 남성의 옷 운운하는 기사와 함께 다뤄지고, 또 반드시 포멀 슈트를 입어야 하는 자리가 여전히 존재한다. 하지만 그런 옷을 정말 포멀하게 쓰는 사람의 수는 줄어드는 추세다. 즉 슈트는 특정 직종 종사자를 제외하면 회사용 유니폼이고 나머지 자리는 고급 캐주얼이 대체하고 있다. 그리고 이 바깥에는 SPA가 있다. 점점 더 옷 따위 신경 쓸 틈은 없는 사회가 될 것이고 그렇기 때문에 역으로 고급 옷의 동류 계층을 향한 시그널링으로서 기능은 강화된다.

그렇다고 해도 아웃도어 의류의 현재 성장률과 몇 개 품목에 쏠리는 현상은 영원히 지속될 종류는 아니다. 장사가 잘된다고 급하게 뛰어든 축은 슬슬 물러날 테고 스테디셀러, 베스트셀러 브랜드만 남고 정리된다. 여전히 높다고는 하지만 성장률은 확실히 둔화되고 있다. 시류에 따라 몇몇 대기업에서 출시했던 등산복 브랜드 중 여러 개가 연속해서 문을 닫고 사업을 철수하고 있다. 특히 2013년 이후 겨울이 그렇게 춥지 않았던 바람에 패딩을 대량생산한 브랜드들은 재고를 떠안으며 꽤 큰 타격을 입었다. 물론 재고 의류들은 몇 년간 꾸준히 오픈 마켓에 저렴하게 풀리면서 못생겼을지라도 성능은 매우 훌

룽한 패딩은 계속 주인을 찾아간다. 그리고 겨울 아우터웨어의 다른 축인 코트와 밀리터리, 가죽 제품들도 각자의 팬덤 속에서 꾸준히 수명을 이어오고 있다.

사실 패딩이 아무리 스타일리시해도 멋쟁이 아이템 취급을 받는다고 말하기는 어떤 식으로 봐도 어렵다. 우리가 입는 패딩은 어디까지나 쉽고 편안하게 주변 상관하지 않고 혼자 따뜻하니 입을 수 있는 실용적인 옷이다. 등산용 패딩은 등산 중 저온에서 휴식을 취할 때 체온 보존을 위해 입는 용도라 일상용으로 개량된 패딩과 세세한 디테일에서 꽤 차이가 난다. 취미로서 등산, 자전거와 아웃도어용 제품들은 일상복 패딩과 같은 회사에서 나오는 경우가 많고 심지어 제품이 같은 경우도 있지만 타깃은 분리되어 있다.

캠핑 등 아웃도어를 즐기는 인구가 늘어나고 게다가 출퇴근용 겨울 아우터웨어로 등산 브랜드의 패딩을 선택하는 사람도 늘어나니 성장률이 이렇게 배가 된다. 아웃도어 의류를 일상복으로 입는 사람이 꼭 등산이나 트레킹을 다닌다는 보장은 없다. 이런 걸 딱히 코스프레라고 할 수는 없을 것 같고 과잉의 기능성에 멋이 부여되고 거기에 기꺼이 비용을 지불하는 형태라고 생각할 수 있다. 다만 여기에서 말하는 멋은 팔 끝에 적혀 있는 고어텍스나 800 등의 숫자 자수를 보고 "오, 좋은 건가봐"라고 말하는 것과 비슷한 어떤 것이다. 어쨌든 겨울 아우터웨어의 다른 주자들 중에서 다음 타자가 나타나면 상황이 변하긴 할 텐데 유행이라는 게 그렇듯 무엇이 언제 어떻게 무슨 연유로 오게 될지는 아직 모른다.

　　몇 년 전부터 계속되어온 유난한 아웃도어웨어 유행, 한참 떠들썩했던 노스페이스 패딩이나 좀 더 나아가 캐나다 구스 같은 옷의 매력은 과연 뭘까. 쉽게 답을 내리긴 어렵지만 대략적인 심리 노선을 그려볼 수는 있을 것이다. 많은 이들이 패션이라는 걸 주관적 잣대(일명 개취)일 뿐이라고 생각하고, 그게 자신에게 왜 멋지게 보이는가에 대해 이해하거나 분석하려는 생각은 별로 없다. 굳이 패셔너블함을 빙자해 비싸게 팔려는 농간에 넘어가는 위험부담을 안고 어려운 길을 갈 필요도 없다고 여긴다. 그러므로 누구나 알 만한 좀 더 객관적인 기준을 찾게 된다. 모든 이들이 동의하는 '멋진' 건 사실 세상에 없고 소위 '하이패션'은 유머가 된 지 오래다. 하지만 라벨, 요즘엔 좀 더 두드러지게 눈에 띄는 바깥 면 어딘가에 적힌 스펙이 보내는 신호는 매우 확실하고 오해의 여지도 없다. 그러므로 기업 인사 팀처럼 고스펙 유니폼을 찾게 되는 게 아닐까. 그렇다고 고어텍스가 어쩌고 하이벤트가 어쩌고를 따지는 것도 그다지 고상해 보이진 않는다. 특히 나이 지긋하신 어른들에게 패딩이란 '누가 사준 얼마짜리'인지가 더 중요하다. 가격이 높으면, 이미지가 좋은 브랜드라면 어련히 잘 만들었겠지 생각하게 된다. 그러므로 복잡한 사정들은 이쪽에 대해 잘 아는 누군가가 판단했을 테고, 그런 검증 과정이 끝난 것들이 유행을 타겠지, 하고 생각하면 이해가 쉬워진다. 이름은 캐나다 구스인데 거위 털이 아닌 약간 갸우뚱한 팩트들이 있지만 아무렴 또 어쩌냐, 상표와 스펙이 이미 더 큰 걸 말하는 세상에서 그 이상의 정신 에너지의 투입은 불필요한 낭비다.

　　이런 식으로 전반적인 패딩 유행의 고착화 현상에 대해 생각해봤다. 하지만 사실 모두에게 패딩은 중요하다. 패션을 가지고 뭘 해보기 어려운 상황이라면 겨울옷의 중요성이 더욱 크기 때문이다. 패스트 패션 브랜드의 옷은 봄, 여름, 가을에는 어떻게 겹쳐 입고, 벗고 다니고 하며 해결이 가능하고 패션에 대한 기본적인 욕망도 충족이 가능하다. 하지만 그걸로 해결이 안 되는 기간이 우리에겐 1년에 4개월쯤 있다. 이곳의 겨울이 너무나 춥기 때문이다. 그나마 쾌적한 생활이 가능한 봄과 가을은 나머지 극단적인 두 계절 사이에 껴서 줄어들고 있다. 국토의 대부분을 덮고 있는 수많은 산, 집중적인 도시화로 인한 고층 건물, 그리고 지구온난화로 북극의 빙하가 녹으면서 빗장이 풀려 남하하는 찬바람 등으로 겨울 추위는 더욱 매서워지고 있다. 이건 패션 따위, 옷 따위 삶에서 더 이상 중요하지 않다는 등의 마음가짐만 가지고 넘길 수 있는 계절이 아니다. 부실한 옷은 활동량을 줄이고, 의기소침하게 만들고, 활력이 줄어들고, 창조적 마인드를 방해한다. 그러므로 현상 유지라도 하기 위해서 어느 정도는 투자를 해야 한다. 특히 서양 복식을 가져다 상당히 유연하게 활용하는 우리 문화에서 패딩은 매우 활용도가 높다.

패딩은 또 다른 맥락에서도 흥미로운 점이 있다. 역사적으로 보자면 현대적 패딩은 1940년경에 처음으로 등장했는데 이후 산악인, 사냥꾼, 목수, 군인, 건설공 등 직업적 필요에 맞게 오직 실용적인 목적으로 발전했다. 그리고 초기에 사용되던 코튼, 울 등은 현대에 와서 보다 성능이 좋은 합성섬유로 바뀌었다. 그러던 중에 핸드메이드, 복각, 초창기 특유의 거친 느낌이 나는 캐주얼 등이 트렌드 혹은 삶의 방식 중 하나로 등장하면서 패딩의 세계는 빈티지 크래프트와 최첨단 섬유가 함께 존재하는 장르가 되었다. 패딩 외의 대표적인 겨울 의류인 가죽과 코트류가 핏 말고는 거의 변화가 없다는 점과 비교하면 상당히 다르다는 걸 알 수 있다. 즉 겨울 추위를 버티는 용도 말고도 옷 자체를 가지고 여기저기 둘러보며 이건 왜 있는지, 저건 어떻게 만들었는지 등을 생각해보며 상당한 즐거움을 찾을 수 있다. 이를 위해서 패딩이라는 복잡한 구조를 가진 옷의 역사와 발전 과정, 그리고 위기의 상황에서 인간은 어떤 아이디어를 패딩에 불어넣었는지 등의 배경을 파악한다면 훨씬 도움이 될 것이다.

테크니컬 원단을 이용한 기능성 중심의 현대적 아웃도어 의류의 역사는 그렇게 길지 않다. 1924년 에베레스트를 오르기 위해 출발했던 영국의 조지 맬러리만 해도 양털과 버버리의 개버딘 코트 같은 걸 몸에 둘둘 감고 갔었다. 이후 과학이 발전하고 큰 전쟁을 거치면서 여러 신소재를 이용한 섬유가 등장했다. 그중에는 악천후 전투나 극지 연구 같은 극한상황에 대비한 방풍, 방수, 보온, 내구성을 갖춘 소재도 있었다. 지금 우리가 입는 건 물론 그때보다 더 좋은 거다. 이쪽 방면은 약간 더 가벼워지고 약간 더 체온을 보존하는 미세한 차이에도 가격이 훅훅 뛰어오른다. 사실 영하 80도에서 먹고 자기 위해 만든 옷이 영하 20도쯤에서 전혀 문제가 없는 건 당연하다. 물론 상황에 비해 넘치는 자원이 투입되어 있기 때문에 그만큼 비싸다. 그렇다고 매 온도에 맞는 적정 지점을 찾고 대비하는 건 불가능하므로 가능하기만 하다면야 잉여의 스펙을 가지고 있는 게 아무래도 낫다.

지금 모습의 퀼팅 재킷을 처음 내놓은 곳은 에디 바우어였다. 에드와 레드라는 두 친구가 있었는데 노포크에 있는 스코코모시 강에서 겨울 낚시를 즐겼다. 몇 시간 낚시를 하면 50킬로그램 정도의 물고기를 잡을 수 있다는 목 좋은 강이지만 매일같이 눈이 오고 벼랑이 많은 거친 지역이다. 이들은 당시 사용하던 평범한 방한복이라 할 수 있는 울 셔츠에 울 코트를 걸치고 낚시를 했는데 그러던 어느 날 에드가 계곡 꼭대기에 올라갔다가 저체온증으로 쓰러지는 사건이 발생한다. 다음 날에서야 겨우 수습하고 살아 돌아온 에드는 따뜻한 옷을 고민하다가 삼촌으로부터 들은, 러일전쟁 때 러시아군이 거위 털로 안감을 채워 넣은 옷을 입었다는 이야기와 어머니가 천 조각을 이어 붙여 옷을 만들던 모습에서 아이디어를 얻는다. 게다가 마치 운명처럼 에드는 지난 10년간 깃털과 다운 장사를 하고 있었다. 아무튼 다음 해인 1936년 가칭 블리자드 프루프 재킷(Blizzard Proof Jacket)이라는 옷을 만들었고 1939년 최초의 나이아몬드 패턴 퀼팅 재킷인 스카이라이너로 특허를 받는다. 1940년 처음 나온 이 재킷은 지금도 판매하고 있다.

— 아우터웨어의 구조

아우터웨어는 구조상 크게 세 부분으로 나눌 수 있다. 우선 바깥 면이 있다. 쉘이라고도 하는데 외부 공기와 닿는 부분이다. 눈에 보이고 외형을 결정짓기 때문에 컬러와 디자인이 이 부분에 집중된다. 두 번째는 가운데 퀼팅 부분이다. 꼭 퀼팅이 아닐 수도 있는데 하여튼 충전재가 들어가는 부분이다. 충전재의 소재와 종류에 따라 보온성이 좌우된다. 마지막으로 가장 안쪽은 안감, 라이닝이다. 몸에 닿는 부분으로 예전에는 대충 얇은 나일론 천을 대서 입고 벗을 때 안에 입은 옷이 쏠리지 않게 하는 정도였는데 사실 쾌적함이나 편안함은 이 부분에서 결정된다. 보다시피 거의 모든 방한 목적의 제품들과 구조는 같다. 예를 들어 집을 봐도 외장과 단열재, 내벽으로 이뤄져 있다. 코트도 비슷한데 충전재가 없고 쉘에 디자인과 방한 기능이 한데 모여 있는 게 다르다. 그런 만큼 기능 면에서는 취약하다. 이 세 부분을 기본으로 하고 이들 중 하나만 가지고도, 또는 몇 가지 조합으로 아우터를 만들 수 있다. 유니클로의 울트라라이트 패딩은 셋 중 퀼팅 부분만 있고 쉘과 라이닝 부분은 대충 둘러댄 옷이다. 노스페이스의 맥머도나 캐나다 구스의 익스페디션 같은 덩치 큰 패딩 점퍼들은 셋 다 충실하게 붙어 있다. 봄과 가을에 자전거를 타거나 등산할 때 주로 입는 소프트 쉘 재킷(바람막이)은 이름대로 쉘만 있고, 후리스는 라이닝만 있다. 쉘에 두꺼운 멜톤 울을 쓰고 코트 형태로 만든 다음 퀼팅을 집어넣으면 두베티카의 데사메노[1] 같은 옷이

---

1 울 피코트 안에 퀼팅 보온재가 들어 있는 옷 이름이다.

되고, 분리 형태로 쉘과 퀼팅만 있으면 한국 육군의
방한복인 야전 상의가 된다. 야전 상의의 경우 안감
은 전혀 신경 쓰지 않고 있는데 사용자의 편의를 고
려해 추가 비용을 들일 이유가 별로 없기 때문이다.
여하튼 이런 조합은 제품이 노리는 계절과 용도에 맞
게 계획되어 나오고 알아서 적당한 걸 합쳐 사용하라
고 삼단 분리가 되는 옷도 많다. 유니클로에서는 스
타일 변화를 합쳐서 사단 분리가 되는 꽤 유난을 떤
옷도 나온 적이 있다. 뭐든 그렇지만 변신이 되는 옷
은 아무래도 일체형보다 취약하다. 대신 일체형은
어딘가 망가지면 수선이 어렵다는 단점이 있다.

　　　우선 쉘을 살펴본다. 사용하는 원단은 고어텍
스나 하이벤트, 파라텍스, 노멕스 그 외 딱히 이름 없
는 나일론과 폴리에스테르까지 여러 가지다. 이렇게
복잡하게 여러 상표와 제품들이 있는 이유는 외부와
직접 접촉하는 면이고 바깥 상황에 대비하기 위해
필요한 기능들이 계속 개발되어왔기 때문이다. 방풍
과 방수, 내구성, 때로는 방열이나 방화까지 여러 역
할이 필요하다. 방수만 예를 들어도 두꺼운 비닐 옷
을 입으면 분명 물이야 안 들어오겠지만 무겁고 불
편하고 여름엔 더워서 땀이 나니 안에 습기가 찬다.
군대에서 사용하는 판초 우의(그게 과연 옷이 맞는
가는 논란의 여지가 있지만)를 생각해보면 된다. 평
상시에는 별 상관없지만 정말 기능적으로 사용된다

면 문제가 심각해질 수 있다. 예컨대 정말 습지 전투 중이라면 며칠간 매복해 있다가 살이 물러지고 심지어 썩을 수도 있는 거다. 어떤 상황에서도 다 대처해야 하니 온갖 현대 기술이 투입된 원단이 만들어지고 가격도 비싸진다. 사실 어지간한 따뜻함과 옷의 수명은 쉘이 좌우한다고 해도 과언이 아니다.

　　　방수용 천은 화학섬유만 있는 건 아니다. 부쉬 크래프트 무브먼트, 말하자면 옛날 스타일의 생활 방식을 고수해보자는 하위문화가 있는데 복각 문화와 약간 다른 방향에서 지지자들을 거느리고 있다. 덕분에 다시 빛을 보는 쉘용 섬유들이 있는데, 예를 들어 방한용 밀리터리웨어나 워크웨어에 주로 사용되었던 헤비 코튼 트윌이나 벤틸 같은 방수·방풍 코튼, 왁스, 그리고 케블라 같은 원단이나 러버 코팅 등이다. 이런 종류는 현대의 화학섬유에 비해 성능이 떨어지고 무겁고 다루기 어렵지만 흔한 나일론하고는 색과 톤이 다르고 독특한 빈티지 분위기를 만들어내기 때문에 인기가 있다. 하지만 이건 패딩 트렌드와는 아무 관련 없이 대부분 존재도 모르는 소수의 살짝 비싼 취향 영역이긴 하다. 심지어 H&M 같은 패스트 패션 브랜드에서도 왁스 칠을 한 코튼 아우터웨어가 나온 적이 있다.

　　　퀼팅 부분은 보통 폴리에스테르를 이용한 카트리지 형태로 되어 있다. 가만히 두면 충전재가 아

래로만 내려가 허리만 두툼해지고 거기만 따뜻할 테
니 이런 방식으로 만든다. 앞서 말한 에디 바우어의
다이아몬드 퀼팅은 몸 전체에 충전재의 밀도를 골고
루 유지하기 위한 방법으로 군대의 노란색 방상 내
피와 같다. 충전재가 많이 들어가진 않지만 대신 온
몸에 적정 밀도를 유지하기에 좋다. 이 부분에서 옷
의 보온 정도가 결정되기 때문에 충전재로 무엇을
사용하느냐, 양을 얼마나 사용하느냐에 따라 그냥
겨울용이냐 완전 추운 한겨울용이냐가 갈리고 가격
도 많이 다르다. 또 다 같은 털이 아니라 오리털이나
거위 털이 있고, 거위 털도 헝가리 구스, 와일드 구스
니 아이더[2]니 하는 다양한 종류가 있다. 또 필 파워
(복원력), 사용된 다운의 전체 양, 깃털과 다운의 비
율(다운이 80퍼센트 이상 있어야 괜찮은 다운 제품
이라고 할 수 있다) 등 여러 가지 잣대가 있다. 카트
리지의 견고함도 중요한데 촘촘해야 털이 빠져나오
지 않기 때문이다. 퀼팅 부분의 나일론은 데니아가
낮은 가는 실로 만든 게 좋다. 다운을 따로 감싸는 다
운백을 넣거나 라미네이팅 코팅 등을 해서 충전재가

2　북극권에 사는 거위인데 아이슬란드에서 겨울을 나면서 암컷
이 자신의 가슴털을 뽑아 집을 만든다. 복원력은 별로 안 좋아서
빵빵한 느낌은 없지만 보온력은 최고로 평가 받고 가장 비싸다.
아이슬란드 농민들이 늑대 등 맹수로부터 망을 서며 아이더의 등
지를 보호하다가 거위가 북극으로 돌아가면 채취한다.

빠지지 않게 하는 방식을 사용한다. 원단 봉제를 완료한 후 다운을 주입하면 손이 많이 가지만 털의 이탈이 적은데 이를 칸다운(sectional injection process) 방식이라고 하고 고급 제품에서 많이 쓰인다. 그러므로 700이라고 적혀 있는 덕다운이라고 해도 세세한 부분에 따라 당연히 가격 차이가 난다.

요즘에는 이런 새털 대신 스너그팩의 소프티인설레이션이나 프리마로프트 같은 화학섬유로 된 충전재를 사용하기도 한다. 방한재로는 구스다운이 가장 좋다고는 하지만 이게 세탁이 어렵고 물을 먹으면 성능이 심하게 떨어진다. 그렇기 때문에 엄동설한에 먹고 자며 작전을 수행하는 군인 등 특수한 환경에서 사용하기엔 불리한 점이 많아 개발된 소재다. 스너그팩은 영연방 군인 계열이, 프리마로프트는 미군 계열이 주로 사용하는데 민간용 옷들도 나온다. 구스다운과 비교하자면 약간 덜 따뜻하지만 그냥 찬물로 빨면 되니까 관리는 훨씬 편하다. 그리고 최근 파타고니아 등에서 불거진, 다운 제품용 털을 얻기 위해 오리나 거위를 잔인하게 다루는 문제에서도 자유롭다.[3] 이는 아이더도 마찬가지다. 대신

---

3   파타고니아의 경우 이 문제를 해결하기 위해 2014년부터 완전 추적이 가능한 거위와 오리들의 털만 제품에 사용한다. 미국보건재단(NSF)은 윤리적인 다운 제품 사용과 관련해 2015년부터 새로운 표준을 제시했다. www.nsf.org/newsroom/nsf-international-develops-new-traceable-down-standard 참고.

군용은 어디까지나 기능 중심의 옷이라 나와 있는 옷들이 하나같이 포대 자루처럼 생겼다. 최근 들어서는 나이키 등 여러 브랜드에서 프리마로프트 충전재를 사용한 방한 제품들을 내놓는 등 제품이 점점 다양해지고 있다.

　　마지막으로 안감은 몸에 닿는 부분이다. 사실 바깥이야 어떤 걸로 만들고 어떤 모습을 하고 있든 정작 입는 사람에게 쾌적함과 편안한 착용감을 주는 부분은 안감이다. 예전 아우터웨어들은 보온이 목적인 경우 양털 라이닝이 많았는데 용도에는 적합하지만 무겁고 비싸고 관리도 어렵다. 최근에는 울이나 캐시미어 안감도 많이 사용한다. 코튼도 있지만 겨울에는 부족하다. 모직 코트류는 부드러운 나일론 계열을 많이 사용하는데 역시 내부의 슈트 등과 마찰을 최소화하기 위함이다. 요즘 아우터웨어들은 양털의 대체품인 플리스를 쓰는 경우도 많다. 보통 써모(thermo)라고 하고 우리나라 쇼핑몰에서는 기모라고도 한다. 플리스도 제품의 질이 천차만별이라 유니클로 같은 저렴한 종류부터 폴라텍이나 트루스펙 사에서 나온 고가 제품들까지 다양하다. 비싼 건 섬유가 더 가늘고 촘촘하다. 사실 플리스를 잘 대면 사용 편의성이 크게 늘어나고 보온에도 적합하기 때문에 많이 쓰면 좋다. 목에만 대놓아도 추운 날 입을 때 차가운 비닐이 주는 섬뜩한 느낌이 줄어드니 옷에

대한 인상이 좋아진다. 옷이 사람과 함께 쭉 가려면
이런 자잘한 디테일이 주는 인상이 역시 중요하다.

— 노스페이스부터 펜필드까지

패딩 유행의 시작은 확실히 노스페이스다. 한 반 가
득 교복 위에 똑같은 블랙 구스다운 패딩을 입고 있
는 모습은 꽤 큰 화제가 되기도 했다. 노스페이스는
1968년 캘리포니아 앨러미다에서 창업했다. 모기업
은 VF라는 회사인데 잔스포츠, 이스트팩, 반스, 팀
버랜드 등 비슷한 분위기의 기업(미국+아웃도어)
들을 다 빨아들이고 있다. 세계적으로 아웃도어 부
문 1위 기업이고 컬럼비아 스포츠가 뒤를 쫓고 있지
만 차이가 좀 난다. 지금까지 네 번 정도 망하면서 현
재 VF 예하 브랜드가 되었는데 사실 안 팔려서 망한
적은 없고 다 회계 부정이나 경영 부실 때문이었다.
지금까지는 언제 어디서나 꾸준히 잘 팔리는 브랜드
다.

　　한국의 노스페이스 유행은 남녀노소 여러 가
지 축을 가지고 있는데 학생의 경우 강남 지역에서
시작되었다고 알려져 있다. 이게 전국구 유행이 되
자 부촌 마을의 학생들은 캐나다 구스나 몽클레르로
바꿔 탔다. 오토바이를 타는 일진 문화와 관계가 있
다는 게 정설이고 왕따 문화와도 결합되어 있다. 사
실 고등학생을 예로 들면 한겨울 교복 위에 입는 옷

으로 이만큼 가격 대비 성능이 좋고 관리도 필요 없는 옷도 별로 없다. 하지만 어떻게 봐도 기본 아이템이라고 하기에는 20만 원 내외의 가격이란 많은 이들에게 부담스러운 수준이다. 2013년쯤 등골 브레이커라는 속칭으로 언론의 포화를 맞기도 했고 너도나도 입으니 애들도 슬슬 질렸다. 하지만 이에 따라 나타난 결론은 패딩 유행의 끝이 아니라 그냥 다른 회사 제품으로 바꿔 타는 거였고 덕분에 K2나 밀레 등이 반사이익을 얻었다. 의류 기업 최초로 매출 1조 기록을 꿈꿨지만 그 타이틀은 2015년 유니클로에게 돌아갔다. 한국에서는 영원무역이 OEM, ODM 방식으로 생산하는데 그래서 미국 노스페이스 제품들과 비슷하게 생겼거나 심지어 이름이 같은 제품도 스펙이 다른 경우가 많다. 사실 자잘한 디테일에 더 좋은 소재를 사용한 경우가 많은데 아무래도 여기가 겨울이 더 춥고 일교차, 연교차도 심하기 때문이다. 영원무역은 이외에도 나이키나 갭의 패딩 및 아웃도어 의류도 만든다.

　　참고로 말하자면 OEM 제품에 대한 폄하는 부당한 면이 있다. 미군의 납품 규격(Mil-Spec)처럼 어디까지나 감당해야 할 최소 기준이 있고 본사가 디자인을 결정하고 품질 검수를 한다. 그러므로 중국에서 만든다고 중국산이잖아 하고 지나쳐버릴 건 아니다. 그냥 혼자 내버려두면 카피가 아니고서는

OEM 업체에서 납품 제품 수준의 품질을 만들어내기 어렵다. 여기에는 디자인이나 사후 처리 및 중고 가격을 포함한 브랜드 가치도 있다. OEM 관리를 잘 못하고 그저 저렴하게 제조해 라벨만 붙여 비싸게 파는 업체도 있는데 그런 곳은 물론 빨리 망해야 할 곳들이지만 "턱없이 비싼 패딩" 따위의 바이럴에 기대는 뉴스는 잘 걸러서 들어야 한다.

노스페이스에서는 툰드라니 히말라얀이니 하는 소위 대장급 패딩이 나오고 인기가 많긴 하다. 하지만 노스페이스 패딩 하면 머리에 확 떠오르는 건 역시 눕시 구스다운 패딩이다. 질릴 정도로 소비된 옷이지만 디테일이 조금씩 바뀌면서 계속 나오고 있다. 구스다운 700급 패딩 중 사실 이만한 것도 없다. 하지만 업그레이드 버전인 눕시 2는 좀 못생겼다. 이 옷의 장점은 이너 레이어로 활용할 수 있기 때문에 혹시나 세상의 눈길이 무서워 차마 못 입고 쳐 박아 놓은 눕시 패딩이 있다면 고어텍스 재킷을 하나 구입하면 된다. 이 둘을 결합하면 추워서 문제가 될 일은 별로 없다. 하이벤트 계열의 재킷은 더 저렴해서 만약 눕시와 결합이 가능한 재킷이 있다면 세상 옷장에 잠들어 있는 눕시를 다 살려낼 수 있겠지만 한국 노스페이스는 몇 만 원 더 벌자고 그런 건 하지 않는다. 이런 태도는 조잡하다고밖에 볼 수 없다.

최근 몇 년간 가장 화제를 불러일으킨 패딩 브

랜드라면 메이드 인 캐나다를 전면에 내세우고 있는 캐나다 구스가 있다. 이름과 달리 구스다운이 아니라 거의 덕다운 제품이라는 게 특징이라면 특징이겠다. 1957년에 몬트리올에서 창업했고 원래 스노우모빌 슈트, 레인코트 같은 걸 만드는 회사였는데 70년 대부터 다운 의류를 만들기 시작했다. 온타리오 주 경찰이 주문해 입기 시작하면서 따뜻하고 튼튼한 옷으로 세간에 알려지기 시작하다가 90년대 들어 본격적으로 유명해지기 시작했다. 폭발적인 성장은 2000년대 이후다. 한국 덕분에 최근 또 하나의 터닝 포인트가 오지 않았나 싶을 정도로 몇 년간 큰 인기를 얻었다.

　　방한 의류로서 특징이라면 화이트 덕다운, 라쿤 털 후드와 선명하고 대담한 컬러를 들 수 있다. 다운이야 뭐 좋은 오리털을 썼겠거니 싶지만 라쿤 털 후드는 약간 논란이 있다. 노스페이스의 대표적인 방한 의류인 맥머도도 그렇고 최근의 미국 옷들은 대부분 후드에 천연 털을 사용하지 않는다. 노스페이스의 맥머도가 유행할 당시 한국산은 진짜 라쿤 털이라 아크릴 털이 붙은 미국산보다 더 좋다느니 하는 이야기도 있었다. 천연 털이 가장 좋다고는 하는데 (예를 들어 입김이 털에 얼어붙지 않는다. 물론 우리나라 도심에서 입김이 고드름이 되는 경우는 거의 없다) 가격도 문제고, 수급도 문제고, 모피 사용도 문제다. 캐나다 구스 홈페이지에 가보면 그래도 제일 좋아서 이걸 쓴다, 관리는 잘 하고 있으니 걱정 말라고 얘기하는 걸로 봐서 세계 각지 동물 보호 진영의 압력에도 불구하고 바꿀 생각은 아직 없는 것 같다. 또한 겨울 아우터웨어답지 않게 다양한 컬러(시타델만 해도 12가지 컬러가 있고 별주판도 다양하게 존재하지만 우리 나라에선 인기가 몇몇 색에만 집중되어 있다)와 붙어 있는 와펜은 캐나다 구스의 얼굴이라 할 수 있다. 얼마나 인기가 좋은지 볼드 컬러에 와펜만 붙어 있으면 캐나다 구스처럼 보일 정도다. 소위 코리안 구스라고 부르는 비슷한 외형의 유사 제품이 열 개 넘게 시중에 나와 있다고 한다. 옷이 괜찮다면 큰 상관이 없을지 몰라도 솜 패딩처럼 전혀 비쌀 이유가 없는 옷도 캐나다 구스의 명성에 기대 꽤 높은 가격을 받는 수도 있으니 주의해야 한다.

가장 많이 팔리는 옷인 익스페디션이나 시타델, 칠리왁은 사실 특이한 형태는 아니다. 앞의 두 제품은 파카의 프로토타입을 다듬은 모습으로 조금 더 원류를 따지고 들어가보자면 1960년대 미국에서 극지대 연구 프로그램(USARP) 연구원용으로 만들어졌던 익스페디션 파카의 현대화된 형태다. 마찬가지로 칠리왁은 미 공군의 N-2B 파카가 발전된 형태다. 결론적으로 원형의 틀을 잘 살리면서도 꽤 깔끔하니 정돈이 잘 됐다.

사실 캐나다 구스의 기능상 괜찮은 점이라면 쉘이다. 딱히 원단의 브랜드명이나 스펙이 나와 있지 않고 그저 방풍과 방수, 습기의 방출과 외부의 마찰로부터 잘 버티기 위해 최선을 다해 만들고 있다는 모호한 설명과 여러 도표들만 나와 있다. 보통 이런 경우 어설픈 소재를 사용한 경우가 많은데 캐나다 구스의 따뜻함은 사실 오리털의 양(유명한 제품은 필 파워 650이 많다)보다는 쉘에서 나온다고 할 수 있을 정도로 괜찮은 편이다. 덕분에 꽤 무겁다는 점은 감수해야 한다. 원래 유틸리티웨어로 나온 옷이고 기능 중심의 무명 쉘을 사용해서 그런데 아마도 어깨가 아파서 추위를 잊게 될 거다. 또 한 가지 문제라면 역시 기능과 스펙에 비해 가격이 비싸다는 점이다. 메이드 인 캐나다를 유지하려면 가격 측면에서 당장은 별 수가 없을 거 같고 게다가 고가 정책을 바꿀 이유도 현재로선 보이지 않는다. 그리고 이미지가 너무 소비되고 있어서 몇 년 안에 노스페이스의 눕시 패딩과 비슷한 운명을 맞이할 가능성도 높다. 벌써 걱정할 건 아니지만 혹시나 그렇게 돼서 차마 못 입겠다면 광장시장 패치 마니아 같은 곳에서 큼지막한 와펜을 몇 개 구입해 붙여보는 것도 괜찮을 듯싶다.

몽클레르는 위의 브랜드들과는 약간 다른 계열로 말하자면 명품관 입성 브랜드다. 이런 소위 럭셔리 패딩 브랜드가 이제는 백화점마다 꽤 많이 보이는데 그중 대표적인 곳으로 몽클레르를 들었다. 예전에는 사람들이 몽클레어라고 부르기도 했는데 정식 론칭을 하면서 한글 명칭을 몽클레르라고 쓰고 있다. 1952년 밀라노에서 프랑스인이 창업했다. 당시까지만 해도 퀼트 패딩 재킷은 보통 오버롤 위에 입는 작업복으로 주로 사용되고 있었는데 프랑스의 등산인 리오넬 테레이가 이 옷을 등산할 때 입는 옷으로 만들어보면 어떨까 싶어 제조업자에게 의뢰해 1952년 등산용 다운 파카가 나왔다. 론칭 초기부터 이태리 산악 팀을 후원했고, 프랑스 스키 팀 경기복도 만드는 등 나름 아웃도어 분야에 탄탄한 뿌리를 가지고 있다.

　　회사의 운명이 바뀐 건 2003년이다. 이때 주인이 바뀌면서(회사를 사들인 레모 루피니는 지금도 브랜드의 크리에이티브 디렉터를 겸하고 있다) 본격적으로 고급 시장 중심으로 브랜드를 재편했다. 2008년에는 감므 루즈라는 오트쿠튀르 컬렉션을 만들어 알렉산드라 파치네티[4]에 이어 지암바티스타 발리가 디자인을 맡고 있고, 감므 블루라는 남성복 컬렉션은 톰 브라운이 하고 있다. 이외에도 그레노블 등 다양한 라인이 있다. 2003년 이후 10년간

4　이후 토즈 여성복으로 갔다.

매출이 열 배 이상 올라 2013년 12월 이태리 밀라노 주식 시장에 상장한 첫날 상승률 최고 기록(47퍼센트, 이전 기록은 로열 메일 38퍼센트)을 가지고 있기도 하다. 한국에서는 얄쌍하면서 고급스러운 패딩을 찾는 소위 청담동 젊은 주부님들을 중심으로 인기를 끌기 시작했는데 요즘엔 애들도 사 입는다. 하지만 여전히 30, 40대가 주류 구매층이다. 진중하게 반짝거리는 색감도 좋고 디자인도 기존 패딩에 비할 바가 아니다. 패딩 유행의 일부로 치기엔 좀 아까운데 여튼 그런 운명이 되었다. 명품 시장에서 시의적절하고 기민하게 움직이는 걸 보면 앞으로도 꾸준히 나아가지 않을까 싶다.

　　앞서 언급했듯 노스페이스에 대한 언론의 질타와 사람들의 놀림이 굉장했는데 그 결과로 볼 수 있는 게 네파와 아이더, 코오롱스포츠 등 국산 라이벌 브랜드들이 상대적인 이익을 누렸다는 점과 노세일 브랜드였던 노스페이스가 세일을 시작했다는 거다. 그중 네파와 코오롱스포츠, 아이더 등에서 대안을 찾은 사람들이 많다. 예전보다 줄기는 했지만 여전히 "노스페이스랑 유니클로 빼고 패딩 추천해주세요" 같은 질문을 볼 수 있는데 비슷한 가격대에서 찾을 수 있는 대안이라고 해봐야 비록 더 못생겼지만 눈에 익지는 않은 패딩을 내놓고 있는 이런 류의 브랜드들뿐이다. 비슷한 걸 입어야 안심하면서도 똑

같은 건 안 되는 이 미묘한 심리는 국내 소비자들의 옷 입기 영역에서 꽤나 오래도록 지속되고 있는 패턴이다.

대체적으로 노스페이스와 제품 구성도 비슷하고, 성능도 비슷하고, 가격대도 비슷하다. 다들 등산복 브랜드라 어차피 라인업이 비슷하고 또 대안을 찾다 보니 선택한 거라 제품의 생김새와 자신의 취향, 가격대 등등 큰 차이도 없으니 마음에 드는 걸로 고르면 된다. 몇 년간 패딩 열풍에 의한 '대량생산＋따뜻한 겨울'이 겹치면서 재고가 대량으로 발생해 2, 3년 지난 제품을 찾아 발품을 좀 팔면 꽤 높은 할인율로 괜찮은 제품을 구입할 수 있다는 장점도 있다. 코오롱스포츠는 원래 장년층 등산복으로 꾸준한 매출이 있던 곳인데 장동건이 선전한 헤스티아와 대장 잠바 안타티카 덕분에 저변이 넓어졌다. 주로 아저씨들을 상대해와서 그런지 온라인 쇼핑몰의 평이 좋지 않은 게 흠이다.

에디 바우어는 앞에서 말했듯 패딩의 시초, 조상이라 할 수 있는데 한국에 공식 수입되진 않고 있다. 이건 기존의 패딩 말고 다른 게 뭐 없을까 하고 온라인 몰을 뒤적거리던 사람들이 사들이기 시작하면서 몇 년 전부터 유입이 늘어났다. 직구의 유행과 결합되어 있고 또 할인 덕분인데 연말에 하는 시즌 오프 기간을 노리면(30퍼센트에서 시작했다가 물건

이 빠지기 시작하면 50, 70퍼센트로 할인 폭이 늘어
난다) 배송 대행을 이용해도 꽤 저렴하게 튼튼하고
따뜻한 다운 파카를 구입할 수 있기 때문이다. 황제
파카(Emperor Parka)나 그 비슷한 레벨의 제품이
인기가 많은데 쉘이 500 데니어 나일론으로 등산용
배낭에나 쓰는 튼튼한 재질이다. 하지만 최초의 퀼
트 구스다운 점퍼인 스카이라이너는 한국 군대의 방
상 내피랑 거의 똑같이 생겼기 때문에, 그리고 어깨
에 가죽 패치가 붙어 있는 개량 버전 스카이라이너
는 여기에는 사냥 나갈 사람이 별로 없기 때문에 그
다지 인기가 없는 듯하다.

　　문제는 미국 브랜드라 사이즈가 얼토당토않
게 크고 옷의 라인도 미국인의 드럼통형 몸체에 맞춰
져 있어서 뭔가 석연치 않다. 이는 캐나다 구스도 비
슷한데 그런 폼과 라인을 따질 거라면 애초에 캐나다
구스나 에디 바우어 같은 쪽은 안 사는 게 맞다. 유행
하는 슬림핏을 따르겠다고 작은 사이즈를 사도 그건
슬림핏이 아니라 그저 작은 걸 입는 거다. 반대로 덩
치가 크고 거대할수록 사이즈 선택이 유리하다. 세
일 폭이 70퍼센트쯤 될 때면 XS나 S는 거의 남지 않
고 XXL만 잔뜩 남기 때문에 구매 타이밍이 꽤 중요
하다. 저렴한 구입을 위해 신경 쓸 일이 나름 많기 때
문에 들이는 노력 대비 효용을 생각해봐야 한다.

　　유니클로의 라이트웨이트 패딩은 분명 많이

팔리고 있다. 보통 이렇게 단일 품목이 많이 팔릴 때
는 노스페이스처럼 중고등학생 의복 문화와 결합되
어 있는 경우가 많은데 유니클로는 그렇지 않다는
게 특징이다. 말하자면 팬덤은 없는데 대중성은 높
은 아이돌 그룹과 비슷하다. 가볍긴 하지만 워낙 얇
아서 두껍고 큼지막한 거 하나로 어떻게 해보려는
사람에게는 별 쓸모가 없다. 하지만 자동차라도 가
지고 다니는 사람에겐 무척 요긴하고, 자기 자동차
가 없는 경우 집에 있는 모든 외투의 안감으로 활용
할 수 있다(이 가격대에 이만한 라이너는 별로 없
다). 그다지 튼튼하지는 않아서 털이 잘 빠진다는 게
단점이다.

본격 겨울 아우터로 활용할 수 있는 패딩은 10
만원대 초반이 주류고 약간 헤비한 타입으로 20만
원대 남짓까지 가는 패딩들도 겨울 시즌이 되면 나온
다. 아무래도 가격 때문인지 충전재 비율이 특이한
편인데 2015년 겨울에 나온 익스페디션 패딩은 다운
53퍼센트, 폴리에스터 37퍼센트, 깃털 10퍼센트라는
다른 곳에서는 좀처럼 보기 어려운 비율이다. 다운
파카를 오직 스펙으로만 평가하려는 사람들도 있지
만 '저렴하고, 따뜻하고, 가볍게'라는 세 요소를 종합
한 균형점 정도라 할 수 있겠다. 하지만 이런 건 다운
비율이 낮아서 일단 공식적으로 다운 파카라고는 부
르기는 어렵다. 유니클로는 예전에는 교과서에나 나

올 법한 족보에 있는 옷들을 정직한 모습으로 저렴하게 만든다는 장점이 있었는데 요즘은 너무 '패셔너블'해서 잉여의 디테일이 과해지고 있다.

　　다음으로 소개할 두 브랜드인 파타고니아와 펜필드는 '옛날에 입던 옷' 그리고 '힙한 냄새가 난다'라는 두 층위를 가진다. 즉 패션 돌아가는 상황에 별 관심 없는 이에게는 부모님 세대가 입던 옷, 어렸을 때 유행하던 옷, 이런 느낌이 들고, 또 한쪽에게는 최신의 힙 트렌드 분위기를 풍긴다. 레트로 패션과 함께 다시 등장했다고 볼 수 있는데 윙팁이나 워크 부츠, 워크웨어, 밀리터리웨어 등 복각이 유행 전선 중 일부를 확보하면서 이와 비슷한 노선으로 아메리칸 빈티지 캐주얼 브랜드를 찾아 나선 사람들도 있다. 그런 브랜드 중 딱히 이 둘이 최고라는 건 아니고 임의로 골랐다.

　　이런 류는 옛날 미국 냄새가 나는 듯한 특유의 색감 때문에 그런 쪽에 익숙하지 않은 요즘 시선으로 봤을 때 신선함도 있고 위에서 말한 아메리칸 트래디셔널 캐주얼 아이템들과도 잘 어울린다. 이와 비슷한 이유로 빈티지 메이드 인 유에스에이 제품의 노스페이스, 엘엘 빈, 필슨, 에디 바우어 등을 찾아다니는 사람들도 있다. 왁스 코튼으로 된 코트나 헌팅웨어 같은 걸 입으면 좀 더 완성형 아메리칸 룩이 나올 수도 있지만 그런 노선을 따라 가기에 한국은 너무 춥다.

　　파타고니아는 1973년 캘리포니아에서 설립되었다. 하이엔드 아웃도어 의류를 표방하고 있고 각종 환경 관련 연구에도 많이 참여했다. 특히 1985년에 4600만 달러를 내놓으면서 환경 연구 지원을 시작했는데 이후로도 매년 매출의 1퍼센트 혹은 순수익의 10퍼센트 정도를 여기에 쓴다고 한다. 이 연구를 통해 바다 오염 방지, 북극 동물 보호 등등 여러 프로젝트를 진행하고 있다. 2012년에 다운 사용과 관련해 독일의 동물 복지 단체 포 퍼스의 비판 제기가 있었다. 하나는 살아 있는 오리나 거위의 털을 사용한다는 거였고 또 하나는 억지로 밥을 먹인 거위를 사용한다는 거였다. 파타고니아 측은 전자는 부인했지만 후자에 관해서는 푸아그라용 거위에서 얻은 털을 사용했다고 인정하고 해결 방안을 모색하겠다고 발표했다. 2014년부터는 완전 추적이 가능한 거위와 오리털만 사용하고 있으며 2015년부터 미국 보건재단이 정한 윤리 기준을 준수하고 있다.

　　또한 약간 다른 의미의 환경보호 정책으로 재활용이 활발한 브랜드이기도 하다. 회사 차원에서 중고 매매를 지원해서 이베이와 계약을 맺고 새 옷 사지 말고 헌 옷 교환해서 입으라고 권장하기도 하고 옷 오래 입기 광고 캠페인도 자주 진행한다. 한국 매장에서도 오래 입기를 독려하는 차원에서 찢어진 옷을 무료로 수선해주는 행사를 열었다. 사실 옷과 관련된 환경오염을 막는 가장 좋은 방법은 오래 입을 수 있는 옷을 구입해 오래도록 입는 거다. 패스트 패션과 정확히 반대되는 자리에서 브랜드를 홍보하는 셈인데, 이에 대응해 유니클로나 H&M 등 패스트 패션 업체들은 헌 옷 수거 캠페인을 벌여 옷이 부족한 국가에 원조하는 자선사업을 운용하고 있다.

　　2013년에 한국에 직접 진출했는데, 덧붙이자면 창립자인 이본 쉬나드가 1960년대에 주한 미군으로 한국에 근무하기도 했다. 원래 등산, 암벽 등반 등을 좋아했던 사람으로 한국 근무 당시 북한산 인수봉 등반 코스인 취나드 A와 취나드 B를 만들었다. 지금도 암벽 등반하는 이들이 사용하는 코스다.

　　얇고 가벼운 다운 패딩이 대략 200~300달러 정도, 한겨울용이다 싶은 게 500~600달러 정도니까 비슷한 급의 다른 브랜드에 비해 약간 비싸다. 그렇다고 완전 하이엔드 급의 가격대는 아니다. 다양하고 훌륭한 후리스가 유명한데 대략 200달러대다. 생긴 건 거의 비슷한 유니클로 후리스에 비해 열 배 가까이 비싸지만 전문 등산용 브랜드에서 나온 후리스는 보통 그 정도 가격대다. 섬유가 훨씬 촘촘해서 보온이 더 잘 된다는 장점이 있다. 오래 입는 옷을 모토로 하는 만큼 제품의 질에 신경을 많이 쓰지만 그런 걸 감안해도 초기 투자 비용이 살짝 높은 편이다.

　　펜필드 역시 미국 회사다. 1975년 매사추세츠

주에 있는 허드슨이라는 도시에서 창업했으니까 파타고니아와 역사가 비슷하다. 이런 브랜드들의 창립 연도를 보면 알겠지만 1970년대를 전후로 시작한 아웃도어 회사들이 지금 한창 인기를 끌고 있다. 1897년에 창업한 필슨이나 1912년에 창업한 엘엘 빈 등 초기 아웃도어 브랜드들도 최근의 트렌드에 따라 오리지널 모델들을 내놓으며 인기를 끌고 있지만 원단이 요즘 옷과 아예 다르기 때문에 분위기가 다르고 팬층도 다르다.

　　펜필드가 다른 브랜드들과 차별화를 하는 지점은 튼튼한 쉘과 디자인이다. 코튼과 나일론 혼방에 테프론 코팅을 해서 일부러 뻣뻣하게 만든다. 공식 홈페이지에서도 '내구성, 강한, 오래가는' 같은 단어들이 끊임없이 반복된다. 개인적으로 겉감이 튼튼한 다운 의류에 호감을 가지고 있는데 위에서 말했듯 오리털이 아무리 들어차 있어도 근본적으로 외부의 추위를 쉘이 잘 차단해줘야 안의 보온이 제대로 유지되기 때문이다(펜필드 정도로 뻣뻣하면 이거 잘 움직일 수나 있겠나 싶은 생각이 들 수는 있다. 자유로운 움직임을 선호한다면 약간 여유 있는 사이즈를 선택하는 게 좋다). 또 원래 다운이라는 건 수명이 꽤 길어서 어지간히 시간이 지나도 보온성이 약해지지 않는다. 한 30년쯤 지난 빈티지 다운 패딩을 구해 입어도 구식의 디테일과 낡아 보이는 외형이 문제지 따뜻함에는 큰 차이가 없다. 그런 점에서도 쉘의 튼튼함이 중요하다. 물론 파타고니아의 '닳은 옷(Worn Wear)' 캠페인처럼 걸레가 된 패딩에 패브릭 패치를 붙여 사용할 수도 있고 그걸 매력으로 만들어낼 수도 있지만 언제 어디서나 통용되는 건 아니다. 어쨌든 혹시나 오리와 거위의 안위, 그리고 지구의 환경을 걱정하는 편이라면 튼튼한 쉘의 다운을 구입해 오래도록 입는 게 지금 상황에서는 가장 손쉽고 현명한 행동이다.

　　펜필드처럼 옷의 반짝거림을 최소화하고 가능한 무뚝뚝한 디테일을 구석구석에 집어넣은 스타일을 뉴 잉글랜드 패션이라고 한다. 좀 더 거친 중서부 분위기의 아메리칸 캐주얼이나 유럽풍의 아이비 패션과는 약간 다른 미국의 패션이다. 무난하고 평범하게 생긴 미국 시골 냄새가 나는 듯한 옷이 주류를 이룬다. 국내에도 들어와 있고 시즌 오픈 직구도 있기 때문에 저렴하다고 할 순 없지만 선택지에 들어갈 수 있다.

케이(K), 패션의
미래가 될 가능성

아이돌이 공연을 위해 입고 나오는 옷은 기본적으로 의상이다. 이 의상은 그룹이나 곡, 혹은 멤버들의 콘셉트를 보여주고, 해당 곡을 히트시키고, 보는 이들에게 강렬한 이미지를 각인시키기 위해 기획되고 제작된다. 이렇게 제작된 작품들이 유튜브 등의 인터넷 매체, 방송 수출 등으로 해외에 선보이면서 케이팝이 국제 무대에 편입되어 있는 상태다. 가사를 못 알아들어도 동방신기가 부채춤 비슷한 안무를 보여주면서 '여기는 한국입니다' 같은 시그널 역할을 해주기도 하고, 지드래곤이 지방시 모자를 쓰고 국제적인 트렌드를 선보이기도 한다. 이게 국제 무대에 편입되어 있다 보니 우리끼리 놀 때는 대충 넘어가던 인종과 문화에 대한 복잡한 고려도 필요해졌다. 아직까지 실수가 꽤 잦은 편이어서 종종 해외 뉴스에서 화제가 되기도 한다. 그리고 대중 지향의 바이럴 앤 스웩, 잘 나가는 셀레브리티 청춘 남녀들인데 한국 사절단 코스프레는 사실 너무나 고리타분하다. 그런 건 올림픽 개막식처럼 기본적으로 구림을 탑재한 곳에서 마음껏 볼 수 있다.

　　아이돌이 입고 나오는 의상은 다들 시장의 빈 틈을 노리고 포지셔닝을 하기 때문에 약간씩 다르지만 사실 의상이라는 카테고리 안에서 또 고만고만해 보이기도 한다. 여하튼 군무가 대세니 일상복과는 꽤 다른 모습을 하기 마련이고 때로는 특촬물 수준의 코스튬이 등장하기도 한다. 하지만 콘셉트의 충실함이 기준이 될 뿐 딱히 뭐라고 할 만한 일은 아니다. 물론 사람들은 다들 생각이 다르니 크레용팝의 무대를 보고 영감을 받아 헬멧을 쓰고 돌아다닐 수도 있고, 러블리즈의 뮤직비디오를 보고 교복과 리본을 구입해 착용하고 돌아다닐 수도 있다. 하지만 보통 이런 경우는 옷이 멋져서라기보다는 팬심에 무게가 가 있는 경우가 많다. 즉 코스프레에 가깝다. 여기서는 우연이든 전략이든 패션과 의상의 조합으로 유의미한 시사점이 될 수도 있을 몇 가지 예를 찾아본다. 대표적으로 빅뱅, 소녀시대, 포미닛이다. 카라는 분명 국내 시장을 넘어 파급력이 큰 거물급 걸 그룹이고 새로 등장하는 아이돌에게 큰 영향을 주고 있지만 패션에 있어서는 기존 아이돌의 공식을 계승 발전시키고 있다고 볼 수 있기 때문에 제외한다.

— 빅뱅, 높은 밀도감

수많은 아이돌 그룹 중 패션으로 눈에 띄는 곳은 일단 YG 엔터테인먼트(이하 YG)라 할 수 있다. 가장 적극적으로 트렌디한 패션을 활용하고 있고, 자체 패션 브랜드인 노나곤(제일모직과 합작)도 론칭했다. 심지어 2014년에는 LVMH의 투자도 받았다. 소속 그룹으로 빅뱅과 투애니원, 그리고 이 그룹에 소속되어 있는 멤버들의 솔로나 유닛을 들 수 있는데 패션 쪽으로 비슷한 선상에 있다. 그 이후에 나온 이하이나 악동뮤지션은 이들에 비해 훨씬 어리고 패션 측면에서도 약간 다른 노선을 견지하고 있다. 결과적으로는 이런 부분이 YG 패션의 외연 확대에 긍정적인 요소로 작용하고 있다고 볼 수 있다. 이 그룹들을 둘러보기 전에 우선 최근 스트리트 패션 등의 하위문화가 패션 하우스의 컬렉션과 어떤 식으로 결합하고 있는지 되짚어본다.

청바지가 파리나 밀라노 등 하이패션 컬렉션에 입성한 것은 사실 그리 오래된 일이 아니다. 90년대에 들어서면서 일본 등지의 복각 업체와 하이 퀄러티를 표방하는 캐주얼웨어 업체가 등장하면서 청바지와 티셔츠 같은 옷에 핸드메이드, 핸드 프린트, 엄선된 코튼, 올드스타일의 염색, 제작 방식 등으로 상징되는 업체들이 등장하기 시작했다. 이와 함께 청바지가 패션쇼에 등장하게 되었는데 그때만 해도 '귀한 몸이 된 청바지' 같은 제목의 기사가 심심찮게 나오기도 했다. 거리의 하위문화가 럭셔리 패션에 유입된 것도 이와 비슷한 줄기라고 할 수 있다. 하지만 여기에는 약간의 딜레마가 있다. 대부분 가난한 거리의 하위문화 이미지를 가져오는 경우 특히 그렇다. 예컨대 청바지는 원래 광부들의 작업복으로 제작된 옷이었고 곧이어 거의 모든 육체노동 업종에서 사용되었다. 이후 일상복으로 자리를 잡았지만 어쨌거나 시작도 그렇고 생긴 것도 그렇고 점잖은 옷은 아니다. 이런 옷이 고급 옷으로 재탄생하다 보니 결국 좋은 소재와 제작 방식, 핏 등 미세한 차이에 집중하게 된다. 즉 청바지 고유의 와일드함은 가져오지만 패셔너블함과 까다로운 관리가 더해지게 되고 그럴수록 실제 용도와 청바지의 실체 사이에는 괴리가 생겨난다. 예를 들어 비비안 웨스트우드가 2011년 가을겨울 컬렉션에서 파리의 부랑자를 콘셉트로 시즌을 꾸민 적이 있다. 그러나 부랑자가 무료 급식을 받는 실제 비닐봉지를 들고 손에 잡히는 대로 겹쳐 입은 지저분한 외투에 낡고 찢어진 청바지를 입고 있다고 해서 모델이 파리의 부랑자는 결코 아니고 그들이 입고 있는 옷도 파리의 부랑자들을 위한 옷이 아니다. 애써 만들어놓은 뜯긴 자국, 딱 좋은 낡은 컬러가 있고 그게 다 품질과 가격에 반영된다. 과정에 의해 나오는 결과물이 새 제품에 구현되어 있고 거기에 가격이 책정되어 있으므로 청바지라고 하지만 함부로 입고 마음 내키는 대로 세탁하면서 망쳐버릴 수는 없다.

청바지가 이런 식으로 하이패션에 들어오자 처음에 몇몇 디자이너들은 이걸 가지고 슈트를 만들어보고, 턱시도도 만들어보는 등 주류 패션 장르로 소화해내려는 시도를 했다. 하지만 청바지는 결국 비슷한 캐주얼웨어와 어울리는 법이다. 그러므로 청바지 외의 나머지 부분이 주목받기 시작하면서 비싼 캔버스 스니커즈, 비싼 폴리에스테르 봄버, 비싼 백팩 같은 게 함께 탄생한다. 체크 셔츠와 빛 바랜 청바지 같은 완전한 일상복과는 약간은 다른 노선을 견지하고 더구나 동료 하위문화인 서핑, 스노보드, 힙합 그리고 예를 들어 갱단이나 마약 거래업자 같은 정말 거리에 있는 사람들이 입는 옷이 고급 제조업체들에 의해 재해석되며 편입되었고 지방시나 겐조, 니콜라 포미체티 등 디자이너 브랜드에 의해 하이엔드 패션으로 들어갔다. 이런 식으로 나온 럭셔리 스트리트웨어가 요즘 패션 트렌드의 큰 부분을 차지하고 있고 특히 유행에 민감한 사람들이 구매층이라 SNS 등을 통한 파급효과가 크다.

YG의 의상 역시 이런 패션의 생산자 및 소비자들과 비슷한 방식을 취한다. 즉 이미지를 차용해 강화하면서 새로운 콘셉트를 만들어낸다. 완성된 이미지를 가져오는 식으로 이뤄지기 때문에 당연히 갑부가 되어가며 저렴한 스트리트웨어에서 같은 종류지만 고가의 제품으로 교체해가는 것과는 다르다.

그리고 오렌지 카라멜이나 크레용팝, 빅스, 투피엠 등에서 보이는 일상적으로 입기는 어렵지만 콘셉트에 충실한 무대의상과도 역시 다르다. 빅뱅이나 투애니원의 의상도 일상적으로 입고 다니기 쉽지는 않겠다 싶은 것들이 있지만 요즘 분위기에 그 정도는 패션에 관심이 많은 사람이구나 정도로 이해할 수 있는 수준이다. 연습생 기반의 아이돌들은 음악 방송 등 활동에서는 의상이라기보다는 실제 옷과 거의 비슷한, 하지만 기획 의도에 맞춰 선택 및 개조한 의상을 입는다.

　　활동 초기에 빅뱅은 독특한 고딕풍 의상을 입어 눈길을 끌긴 했지만 이미지가 보다 명확해진 기점은 2012년 나온 「판타스틱 베이비(Fantastic Baby)」라고 할 수 있다. 이 곡의 뮤직비디오는 다양한 이미지를 끊임없이 밀어대는데 노래고 뭐고 밀려드는 시각적 자극만 바라보고 있어도 4분이 훌쩍 지나가버린다. 그 핵심 역할을 하는 것은 역시 옷과 액세서리다. 고딕, 페티시, 그로테스크 등의 패션이 강렬한 컬러 속에 어울려 있고, 급기야 후반에는 북청 사자놀이까지 등장한다. 이런 식으로 한 사람 위에다 뭔가 잔뜩 얹어서 한 컷 한 컷의 압축률을 극적으로 끌어올린다. 그것들이 한데 묶여 순식간에 흘러가고 나면 '대체 뭘 봤는지 자세히는 모르겠지만 굉장한 것들이 잔뜩 지나간 것 같다'는 잔상이 남는다.

이런 방식은 이후 지드래곤의 솔로 뮤직비디오인 「크레용」(2012), 「미치GO」(2013) 등에서도 계속되고 있다.

　　케이팝의 속성을 파고들면 일종의 '근본 없음'을 만날 수 있다. 이는 서구 팝 음악의 장르가 딱히 맥락 없이 동시적으로 들어왔고 그런 것들이 딱히 우리 문화사, 음악사와는 관련이 없는 줄기여서 차용하는 맥락이 매우 자유롭기 때문이다. 미국 힙합에서 서던이니 웨스트니 이스트니 하는 여러 분파들을 한 사람이 한 곡에 몽땅 담아버릴 수도 있고 그런 걸 상관할 사람도 없다. 결국 어디서 들어본 것 같은데, 사실 들어본 적이 없는 음악이 나온다. 이런 겹침은 알맞은 비율로 세상을 향해 열려 있고 또 알맞은 비율로 세상에 닫혀 있을 때 가능하다. 즉 유행하는 걸 재빠르게 알아내고 받아들이는 능력은 열려 있고, 그 자세한 내막에 대해서는 별로 궁금해하지 않을 때 더 완벽하게 작동한다.

　　케이팝 패션, 특히 YG의 패션도 비슷하다. 빅뱅 멤버들의 몸 위, 그리고 뮤직비디오의 배경에 고딕, 힙합, 스트리트, 아메카지, 아방가르드, 빈티지 패션이 난무하고, 알렉산더 맥퀸에서 제레미 스콧, 리카르도 티시와 마리 카트란주에서 프라다까지 마음껏 가져다 얹어버린다. 그 결과 새로운 뷰가 만들어진다. 어디서 본 것 같긴 한데 사실 본 적은 없는 패션이 나온다. 대신 밀도가 굉장히 높아진다. 물론 이런 건 매우 많은 비용이 들기 때문에 YG 정도 되는 기업이나 가능하다. 맥락을 중요시하는 전통주의자라면 이런 근본 없음을 치명적인 약점이나 치부로 생각할 수도 있지만 케이팝의 음악과 패션은 그런 걸 이미 훌쩍 뛰어넘어 있다. 말하자면 인용의 방식, 재료의 활용이 다른 거다.

밀도감에 대해 좀 더 살펴보자. 지드래곤 그리고 빅뱅이나 다른 관련 유닛의 뮤직비디오들을 차례대로 보고 있자면 겹치는 것과 새로 등장한 것들을 찾아낼 수 있다. 지드래곤은 계속해서 이런 방식으로 필요 없는 것들은 제외시켜 에센스들을 남긴다. 거기에 새로 나온 것들을 덧붙여 겹쳐, 겹쳐, 겹쳐가고 있다. 이 점이 곡에 따라 콘셉트를 만들며 변신을 위주로 하는 다른 아이돌들과 차이를 만든다. 그런 이미지가 만들어진 이상 이제는 뭘 입고 나와도 그 맥락에서 받아들여질 수 있다. 보는 사람들의 머릿속에 남아 있는 잔상들이 있으니 시간이 지날수록 차이는 더 벌어진다. 이런 방식으로 신곡이 나올수록 한 명, 한 화면이 가지는 밀도가 한없이 치솟게 된다. 덕분에 뮤직비디오는 물론이고 심지어 콘셉트 사진 몇 장만 가지고도 어지간한 한 시즌 남성복 패션쇼를 한 방에 다 본 듯한 이미지를 만들어낸다. 이렇게 복잡한 화면과 절제의 미가 배제된 의상, 액세서리에 익숙해지다 보니 이제 다른 그룹들의 옷들은 뭘 봐도 심심하고 시시하게 보인다.

투애니원이나 솔로 활동을 하는 씨엘도 비슷하다. 수많은 것들이 한 사람 위에 올라가 있고, 그게 몽땅 합쳐 뭐라 딱 꼬집기는 모호하고 지나가고 나면 '뭘 입었더라' 특정하기도 어렵지만 강렬한 이미지를 만든다. 2014년에 나온 씨엘의 솔로곡「난 나쁜 기집애」에는 마이바흐를 탄 갑부 아가씨와 거리에서 춤을 추는 스트리트의 아가씨라는 두 개의 큰 테마가 담겨 있는데 각각의 아이템은 콘셉트에 맞춰 머리끝부터 발끝까지 티가 확 나도록 벌어져 있고 그를 위해 수많은 의상과 액세서리들이 깔린다. 하지만 결국은 씨엘이라는 한 사람으로 수렴하도록 전반적인 톤은 맞춰져 있다. 여기에는 물론 기존에 투애니원 등을 통해 이미 형성된 씨엘이라는 캐릭터도 자기 할 일을 한다.

'브랜드를 두른, 구현된 트렌드 리더'와 '진짜로 그렇게 살고 있는 사람'은 디테일에서 차이가 드러나기 마련이다. 아무리 열심히 머릿속으로 상상해봐도 살면서 그런 걸 실제로 입어본 후 부족하고 모자란 것들을 보완해간 사람과는 간극이 있다. 그러므로 이렇게 아예 다른 방향에서 접근하는 것들은 쌓이는 게 중요하다. 패션 리더라는 사람하고 어제 처음 본 잡지의 사진을 따라 해보며 잠깐 멋을 내본

사람은 속옷이나 양말, 작은 액세서리는 물론이고
적용의 디테일에서 차이가 나기 마련인데 바로 이런
이유 때문이다. 즉 매칭에도 노하우가 필요하다. 이
는 각 브랜드에서 제일 핫한 제품을 시즌마다 붙여
놓고 있는 청담동 한복판에 놓인 가상의 마네킹과
비슷하다. 똑같은 콘셉트를 한 사람 위에 올려놓는
다고 이런 결이 만들어지진 않는다. 즉 압축률이 높
다는 말은 여러 맥락을 가진 컬렉션들이 한데 모여
있다는 의미다. 디자이너가 해당 시즌에 구현하고
실험해보고자 하는 것들이 모여 한 시즌의 컬렉션을
만든다. 컬렉션에는 대략 40여 벌의 옷 세트와 꽤 많
은 액세서리가 등장하는데 그것들이 반드시 일률적
으로 스토리를 만드는 건 아니지만 여하튼 뭉뚱그려
져 한 시즌의 모습을 만들어낸다. 빅뱅 콘셉트에서
는 이런 것들을 한 번에, 한곳에 모은다. 그리고 사용
한 제품들이 지니는 각각의 맥락, 예컨대 지방시의
고딕과 스트리트, 톰 브라운의 박스 페티시, 생 로랑
의 록 스피릿 등을 목적 그대로 드러낸다. 대부분 세
계 정상급의 하이패션 브랜드의 제품이므로 이들이
보내는 시그널은 세계 어디에 가서도 쉽게 이해되고
받아들여질 수 있다. 더구나 유난히도 자기 색이 강
해 알아보기 쉬운 제품들로 골라냈기 때문에 각자
자기 목소리로 시끄럽게 떠들어댄다. 때론 수십 벌
의 옷을 구해다 분해와 재조립이라는 리폼을 거쳐

하나로 만들기도 하는데 이때도 다른 옷에도 있는 걸 쭉 이어 붙이는 게 아니라 각각의 핵심만 고르기 마련이다.

최근 스트리트웨어 등 하위문화를 영감의 근거로 삼고 있는 파리나 밀라노의 디자이너들도 사실 이와 비슷하게 요란하고 시끄러운 목소리를 사용한다. 특히 패션은 뭐든 받아들이는 요령이 좋아서 마크 제이콥스가 안티 패션을 컬렉션 안에서 소화해내기도 하고 위에서 말했듯 비비안 웨스트우드가 부랑자를 컬렉션으로 소화해내기도 한다. 이렇게 요란하고 시끄럽고 옷 같지 않은 모습의 옷이 트렌드를 이끌고 있다. 하지만 스트리트는 그들이 온 곳도 아니고 갈 곳도 아니다. 씨엘은 인공적으로 조성된 어두운 뒷골목에서 베르사체나 저스트 카발리의 드레스를 입고 주세페 자노티와 크리스티앙 루부탱의 힐을 신고 춤을 춘다. 이런 것들은 하위문화의 표식을 가득 안고 있지만 실제로는 고급 호텔의 파티에서 소비된다. 이런 스트리트 트렌드를 지닌 고급 제품의 기반이 된다고 할 수 있는 칼 카니나 버튼은 실제로 거리에서 쓰이기도 한다. 즉 커다란 안 주머니는 마약 거래상이 약을 숨기기에 좋고, 튼튼한 비닐로 만들어지고 단순한 디자인의 쉘은 급변하는 날씨나 추격을 피해 구르거나 뛰거나 하는 동작을 취하기에 적합하다. 그리고 이런 부분들은 정말 그런 거래를 하지 않더라도 정밀한 디테일이 구현된 일종의 패션으로서 소비된다. 딱히 사냥을 할 생각은 없지만 총을 대기 위해 가죽으로 만든 어깨 패치가 붙어 있는 옷을 사는 것과 비슷하다.

　　실제 패션에도 이렇게 남은 것들이 많다. 이제 속옷처럼 쓰지 않지만 버튼다운 셔츠의 아랫부분은 앞뒤와 양옆의 길이가 다르고 스웨트셔츠의 앞부분에도 이제는 별 역할이 없는 삼각형 모양이 남아 있다. 흔적과 표식으로 여전히 남아 있는 거다. 1995년 서태지와 아이들은 스노우보드 룩을 콘셉트로 써먹으면서 굳이 뮤직비디오에서 스노우보드 타는 모습을 보여줘야 했지만 요새는 그런 복잡한 일은 하지 않아도 된다. '알고 싶으면 찾아봐, 하지만 사실 궁금하지도 않지'가 기본 방식이다.

　　눈이 더 큰 자극에 익숙해지니 점점 더 많은 스터드를 달고, 점점 더 강렬한 프린트를 그려 넣는다. 입을 커다랗게 벌린 상어나 침을 흘리는 로트와일러처럼 새겨진 모든 게 하나같이 화를 내는 듯하다. 하지만 딱히 화낼 곳도 없다. 씨엘이나 지드래곤의 뮤직비디오를 보면 뭔지 모를 분노로 가득 차 있지만 그 대상은 어디까지나 뭔지 모르는 채로 남는다. 진짜 정치적인 언급은 오히려 자신이 속한 계층에 해가 되기 마련이고 팬들도 원하지 않는다. 사회적 변혁이 있어 봐야 지금 자기 자리만 흔들릴 뿐이다. 그러므로 이런 옷들에 스쳐 지나가는 하위문화의 기운은 장치나 코스프레로만 기능한다. 딱히 뭔가 메시지를 전달할 생각은 없다는 것 정도는 다들 알고 있으니 그럴듯해 보이는 게 목적이란 사실을 굳이 감추려 하지 않고 감출 필요도 없다.

　이렇게 제 목소리로 떠드는 패션을 다 끌어와 한 몸 위에 쓸어 넣어 더 밀도 높은 새로운 맥락을 만들어냈다는 점에서 이런 의상은 자율성을 가지고, 그런 면에서 진일보해 있다. 말하자면 한국식 패션 블록버스터 같은 거다. 맥락을 상관하지 않으니 사람들의 눈에 익숙하면서 동시에 새로운 룩을 만들어 낼 수 있다. 약간 아쉬운 점이라면 이걸 패션 디자이너가 해낸 게 아니라 연예 기획사가 해냈다는 점이다. 한국의 패션계가 그만큼 뒤쳐지고 있다는 의미이기도 한데 사뭇 보수적인 기존 주류 패션계는 아무리 난장을 쳐봐야 시시하게 보일 뿐이다. 아마도 그렇기 때문에 YG는 자체 브랜드를 내놓으면서 아예 패션계에 직접 뛰어들었다고 보인다. 새로운 브랜드는 코디네이션이나 스타일링과는 다르게 카피나 인용을 할 수 없고 오리지널을 만들어내야 한다는 점에서 지금까지 방식하고는 약간 다른 길을 갈 수밖에 없다. 그런 점에서 앞으로 노나곤 브랜드의 역할에 주목할 만하다. 이런 브랜드들이 팬을 대상으로 하는 기념품 장사를 하는 경우가 많은데, 훨씬 더 큰 시장이 있는데 굳이 팬 장사를 할 이유가 없다. 그러기 위해선 이를 제대로 조절할 수 있는 크리에이티브 디렉터가 필요할 듯하다. 그리고 빅뱅과 투애니원 등 힙합 스트리트 패션밖에 없던 상황에서 악동뮤지션, 이하이 등이 등장하면서 YG의 패션 범위가 넓어지고 있다는 점도 관전 포인트 중 하나다.

　　　　— 소녀시대, 트렌드의 재구성

SM 엔터테인먼트(이하 SM) 계열은 맨 처음에 언급했던 카라와 마찬가지로 곡과 그룹, 멤버에 맞는 의상을 사용해왔다. 즉 전통적인 아이돌 패션의 구성 방식을 따라 콘셉트 중심 코스튬인데 SM은 이 전통의 초기 개척자이자 최전선에서 한걸음씩 발전시키고 있는 당사자라고 할 수 있다. 예전 H.O.T.나 신화, 최근의 소녀시대나 에프엑스, 엑소까지 이런 방식은 여전하다. 그런데 소녀시대는 2013년 발표한 곡 「아이 갓 어 보이(I Got a Boy)」에서 디스코와 힙합이 조합된 스트리트웨어를 선택했다. 덕분에 한국의 대표적인 아이돌 양성 기업인 SM에서 의상으로 재현해내는 최신 트렌드의 모습을 목격할 수 있게 되었다. 특히 비슷한 대상을 놓고 YG와 처리 방식이 어떻게 다른지 볼 수 있다.

　　　　사실 결과물이 힙합이었을 뿐이지 네온톤 스키니에 흰 티를 입었던 「Gee」(2009), 비닐 숏팬츠

에 부츠를 신고 유니폼 같은 블라우스를 입었던 「미
스터 택시」(2011)나 접근 방식은 매한가지다. 어디
까지나 곡에 부합하는 콘셉트가 우선이고 그렇기 때
문에 지드래곤이나 씨엘의 고딕 힙합과 달리 소녀시
대라는 그룹에 쌓이는 패션 정체성이라는 건 기본적
으로 없다. 총체적으로 아이돌일 뿐이다. 여기에 연
예계에서 오랜 경력을 쌓으며 사복을 입었을 때 조
금씩 더 패셔너블해지고 있는 것, 자신에게 어울리
는 정확한 스타일을 알게 되면서 같은 의상도 좀 더
멋지게 소화해내는 방법을 아는 정도가 소녀시대에
서 패션이 기능하는 방식이다.

　　「아이 갓 어 보이」 이야기를 다시 해보면 이
곡의 의상은 힙합 스트리트 패션이지만 현실 세계의
트렌드를 인용하는 게 아니고 그것을 복제한 아이콘
을 제작한 결과다. 즉 스트리트의 사람들이 정말로
입는 게 아니라 분위기를 만들어내는 데 주력하고,
그렇기 때문에 주류 패션을 SM 스타일, 소녀시대 스
타일로 해석하고 재배치한 필터링 결과가 반영되어
있다. 물론 YG도 마찬가지 의도가 들어가 있겠지만
현실과 재현 사이에서 YG는 실제 사용하고 있는 쪽
에, 그리고 SM은 재현에 방점을 두고 있다. 프로페
셔널의 작업이니 최대한 정밀한 부분까지 디테일을
살리겠지만 실제 거리의 미묘한 부분은 사라지고 알
아보기 쉬운 아이템들은 과장되어 드러난다. 즉 정

밀한 디오라마라고 할 수 있다. 자세히 들여다보자면 스트리트 패션으로 한창 인기를 끌고 있던 겐조나 오베이 같은 전형적인 스트리트웨어 브랜드의 아이템을 사용하고 있다. 동시에 브랫슨의 모자나 슈콤마보니의 구두처럼 한국 상황에 맞춰 만들어진 스트리트 아이템들을 함께 사용한다. 게다가 모 대학의 과 점퍼에 패치를 붙여서 입고 있기도 하다. 브랫슨이나 슈콤마보니의 경우 이게 콘셉트에 가장 맞다고 생각해서인지 아니면 상업적인 고려가 개입된 것인지까지는 확실히 알 수 없지만 기성품이 많음에도 대학교 과 점퍼를 사용한 걸 보면 상업적 고려보다 콘셉트를 더 중시한 것으로 보인다. 어느 방향이었든 일등은 아니어도 무난한 정도다. 즉 트렌드를 리드할 정상급 브랜드라든가, 마니아급에게 사랑받는 고수의 아이템이라든가, 정말 런던이나 뉴욕 클럽 트렌드 세터들은 무엇을 입고 있느냐 같은 사실에 대한 검증의 중요도는 떨어진다. 하지만 이벤트 코스튬으로 보자면 어설픈 코스프레 파티복은 아니고 그래도 전문업체에서 만든 일류급 정도는 된다고 할 수 있겠다.

　　같은 내용의 영화와 뮤지컬이 있다고 치면 소녀시대의 의상은 뮤지컬에 가깝다. 가장 저렴한 티켓의 의자에 앉아서도 저게 무엇인지, 지금 어떤 걸 보여주고 싶은지 충분히 알아볼 수 있다. 다만 약간은 멋대로 갖다 붙이며 콘셉트에만 충실하다 보니 80년대 디스코, 90년대 힙합, 2000년대 스트리트 등이 살짝 무분별하게 섞여버린 건 조금 아쉽다. 스트리트에는 실제로 이런저런 사연의 사람들이 다 모여 있으니 그런 걸 시각화한 거라고 생각할 수 있겠지만 음악 자체는 그런 쪽에 무게가 가 있지는 않다. 즉 아주 약간만 파고 들어가도 얄팍함이 빤히 보인다. 이왕 할 거면 하나를 해도 훅 하니 깊게 들어가는 게 대자본 아이돌에 거는 기대가 아닐까. 소녀시대식 방법론의 경우 해외 진출을 꾀하거나 혹은 이미 진출해 컬렉션을 선보이는 대다수 국내 패션 디자이너들이 부딪치고 있는 것과 같은 벽을 만나게 된다. 말 그대로 이것은 재현된 의상이지 진짜도 아니고 그렇다고 우리만의 것도 아니다. '어차피 진짜가 어디 있냐 대체재들끼리의 경쟁이지'라고들 하지만 핀란드산 나무나 이태리산 원단처럼 비슷한 가격에 다른 선택지가 있을 경우에 돈을 들고 있는 소비자에게 왜 하필 이걸 선택해야 하느냐는 이유를 제시하기가 어렵다. 콘셉트 자체의 측면에서도 실제 그 바닥에 있는 사람들에게는 매우 어설프게 보이기 쉽고, 심지어 반감을 불러일으킬 가능성도 있다.

— 포미닛이 보여준 또 다른 길

포미닛은 2013년에 내놓은 미니 앨범 『네임 이즈 포미닛(*Name is 4minute*)』의 수록곡 「이름이 뭐예요」
로 활동할 때 꽤 재미있는 시도를 했다. 즉 태국 브랜
드 원더 아나토미의 2013 SS 제품을 가져다 음반 재
킷 및 첫 번째 타이틀곡의 의상으로 사용했다. 특정
나라에서 활동하기 위해 현지 의상을 사용하는 경우
는 있지만 이렇게 국내 활동을 위해 소위 패션 비주
류 국가의 디자이너 의상을 전면적으로 사용한 건
특이한 결정이다. 비주류 국가에 대체적으로 무심한
한국 대중의 취향이나 대중문화 상황을 생각해보면
더욱 그렇다. 그저 세계 구석구석을 돌아다니며 남
들이 안 한 걸 찾다가 우연히 얻어걸린 것일 수도 있
지만, 만약 그렇다면 스타일리스트가 정말 넓은 눈
을 가지고 있고, 그것 나름도 대단한 재능이라고 할
정도로 완성도가 좋은 편이다. 어쨌든 아이돌의 활
동 하나하나는 꽤 많은 자본이 투입되는 사업이고,
어쩌다가 한번 삐끗하면 그대로 나락으로 빠질 위험
이 있다. 그런 식으로 사라진 그룹들이 천지에 널렸
다. 그러므로 보통 검증이 완료된 안전한 선택지 중
에서 고르기 마련인데 그러다 보면 다들 똑같은 것
만 하게 되는 위험이 있다. 초기 투자 자본이 커질수
록 생기는 어쩔 수 없는 현상이고 그럴수록 초반의
생기는 말라 비틀어진 채 화석화된다. 그런 상황을
고려해볼 때 꽤 대담하고 용감한 선택을 한 점은 역
시 훌륭하다.

물론 태국 패션은 꽤 오랫동안 세계적으로 주목받아왔고 최근 들어 더 관심이 높아지는 참이긴 하다. 동서양이 한 뭉치로 섞여 있고 그 안에서 태국 고유의 빛을 내는 시도도 성공적이어서 요 몇 년 사이 두각을 나타내는 젊은 디자이너들이 등장했고 흥미진진한 컬렉션도 많다. 하지만 그렇다고 해도 세계 무대에서 누구나 알아볼 만한 주류라고 하기는 아직 어렵다. 적어도 국내 상황을 생각해보면 일부 마니아 외에 대다수 사람들은 잘 모르는 낯선 디자이너임은 분명하다. 말하자면 이제 막 세계 무대에 등장하고 있는 디자인풍 정도로 생각해볼 수 있는데 그렇다면 왜 한국이 아니라 태국의 패션 디자이너가 주인공이 되었을까 정도는 생각해볼 수 있다. 사실 한국의 디자이너들은 현재 그렇게 바이럴한 자리를 차지하지 못하고 있다. '이효리-스티브 J & 요니 P'가 있지만 그건 특이한 경우고, 디자이너는 디자이너대로 가수는 가수대로 서로 교류는 하지만 그렇다고 함께 가고 있다고 말하기엔 다소 무리가 있다.

포미닛이 왜 하필 태국 디자이너를 선택했느냐에 대해 여러 가정을 해볼 수 있다. 위에서 말했듯 태국 특유의 색감, 기존 패션계와 약간 다르면서도 트렌드에 영향을 미치고 있다는 점 등을 들 수 있다. 그리고 포미닛의 주 활동 무대가 어디인가에서도 짐작해볼 수 있다. 케이팝이 세계로 나아가고 있고, 싸이처럼 이제는 전 세계 어디를 가도 알아보는 스타도 생겨났지만(물론 그를 지금 아이돌과 같은 카테고리로 묶기는 조금 어렵다) 여러 자료들로 확인해볼 때 실질적으로 가장 큰 인기를 끌고 있는 곳은 필리핀부터 중국과 대만, 말레이시아, 홍콩, 베트남, 싱가포르까지 이르는 영역으로 볼 수 있다. 그리고 남미 쪽에서도 꽤 인기가 높다. 즉 어차피 거기에서 활동할 거니 현지에 괜찮은 게 있다면 써보자는 식으로 대응한, 굉장히 현실적인 관점으로도 보인다. 결론적으로 원더 아나토미는 꽤 괜찮은 선택이었다. 파리에서 공부한 디자이너 카띠까셈렛 차렘끼앗이 2009년 방콕에서 론칭한 브랜드인데, 종이로 만든 모터사이클 백이나 버킨 백 등 약간 황당하고 재미있는 아이디어로 주목을 받기 시작했다. 방콕 패션 위크에 굉장히 화려하고 복잡한 패턴의 현대적이고 실험적인 콘셉트를 가진 옷들을 선보이고 있다. 특히 2013 SS에서 현대적인 슬림 드레스나 상하의에 이국적인 컬러의 화려한 잔무늬를 복잡하게 프린트한 컬렉션을 선보였는데, 그게 포미닛과 잘 어울렸다. 사실 포미닛은 그 전까지 센 언니 콘셉트를 유지하다가 살짝 돌아선 상황이었는데 그 지점에서 이런 파격적인 선택으로 이미지를 환기시켰다고 볼 수 있다. 하지만 오래 지속되지는 못해서 2015년에 낸 신곡에서는 다시 반응이 가장 좋았던 센 콘셉트로 복귀하게 된다.

여하튼 2013년 시점으로 보자면 태국인에게, 또는 이 두 나라와 아무 관계가 없고 문화적 맥락도 닿지 않는 나라의 사람들에게 이런 사전 정보들은 별 의미가 없다. 뒤에 깔린 이름들을 떠나 트렌드의 대세를 너무 쫓아가지도 않고 그렇다고 아예 버리지도 않은 균형 감각은 탁월했다. 덕분에 여타 경쟁 그룹들과 확연히 다른 색을 내는 데 성공했다고 보인다. 이 비슷한 상황을 한번 상상해보자면, 예를 들어 디자이너 이상봉이나 홍승완이 제작한, 그것도 따로 특별 제작한 게 아니라 컬렉션에 나왔던 의상을 입고 한국에서 활동하는 일본 아이돌 같은 걸 생각해볼 수 있다. 생각해보는 것만으로도 뭔가 마음이 굉장히 복잡해지는데 이 맥락이 어떻게 읽힐지, 어떤 영향을 만들어낼지 상상하기는 쉽지 않다. 원더 아나토미의 경우 포미닛 활동 시 그 부분을 크게 홍보하지 않았고, 사실 말한다 해도 누군지 모르는 게 다수라 큰 영향은 없었다. 하지만 이런 방식의 실험은 아직 확실하게 드러나지 않은 미지의 영역이다. 대만이나 홍콩 그리고 남미 여러 국가에서 활동하고 있는 매우 특이한 색채를 지닌 로컬 디자이너들이 있기 때문에 앞으로 등장할 아이돌 그룹들이 반복해 시도하다 보면 주류의 줄기와는 다르지만 꽤 큰 흐름을 만들어낼 수도 있지 않을까 기대한다. 물론 영향력을 발휘할 디자이너, 적어도 지드래곤처럼 분야를 선도하는 역할을 할 스타가 필요한 건 사실이다.

이외에 케이팝은 아니지만 옷 위에 한글을 적는다든가, 한복을 원피스로 만든다든가 하는 다른 류의 글로벌에 대응하는 방식도 있다. 이런 옷들을 케이팝 아이돌을 이용해 홍보하는 시도도 있는데 사실 세계를 표방한 내수용에서 벗어나지 못하고 있다. 애초에 지금 같은 방식으로는 한글이 적힌 티셔츠니까 한류라는 발상이 지닌 뻔한 한계를 벗어나기 어렵다. 또한 데뷔 초기부터 비비안 웨스트우드를 좋아하고 계속 입다가, 어느 날 세계적인 팝 가수가 된 싸이의 경우 이 둘의 묘한 조합이 만들어내는 재미있는 부분이 있는데, 위의 이야기와는 약간 맥락이 다르지만 곰곰이 들여다볼 가치가 있다.

또 하나는 유명인이 디자이너가 되는 경우도 늘어나고 있다. 칸예 웨스트와 아디다스의 컬렉션은 매우 비싸고 잘 팔리고 있다. 리안나, 아리아나 그란데, 비욘세, 제이지 등등이 협업이나 캡슐 컬렉션, 자기 브랜드를 론칭하는 방식 등으로 패션계에 들어오고 있다. 한국의 경우도 전 소녀시대 제시카의 패션 브랜드 론칭을 비슷한 시점에서 볼 수 있다. 이쪽이 어떻게 흘러갈지는 앞으로 더 두고 봐야겠고 각자의 재능, 파트너의 실력에 따라 명암이 갈리겠지만 이미

인지도를 가지고 있다는 건 매우 큰 어드밴티지다.

— 7년 주기가 만들어내는 현상

지금까지 케이팝 아티스트들이 패션을 활용하는 대표적인 세 가지 방식을 살펴봤다. 2017년 들어 투애니원도 없어지고 포미닛도 없어지는 등 아이돌 시장 자체의 지각 변동이 있었지만 여전히 투애니원의 패션을 거의 그대로, 그러나 조금 더 정돈된 상태로 계승한 듯한 블랙핑크, 에프엑스와는 또 다른 '패션 반 + 의상 반' 느낌이 나는 레드 벨벳 같은 그룹이 있다. 그런데 보통 한 장르가 발전하면 초기의 형식적인 면모가 조금 더 자유로워지는 경향을 띠기 마련인데 케이팝은 반대로 패션보다 의상의 역할이 다시 커지는 듯하다. 이건 과도한 경쟁과 함께 사회적 상황 그리고 7년 표준 계약이라는 법적 현실이 만들어낸 특이한 경향이다.

2009, 2010년에 시작한 걸그룹들이 2~3년을 거치며 탄탄히 자리를 잡는 동안 새로 등장한 그룹들은 그걸 뚫어보기 위해 파격적인 콘셉트를 많이 시도했다. 섹시 콘셉트가 대표적인 사례다. 정상을 향해 달려가며 인기 있는 걸그룹들에 쏠리는 시선을 끌어오기 위한 적절한 전략 중 하나로 여겨졌지만 사실 대부분 시선 끌기에만 집중하다가 실패했다. 한편 인기 그룹들이 정점을 지나 재계약을 향해 달려가면

서 지금까지 소비된 이미지, 그리고 쌓인 연차가 자연스럽게 만들어내는 노련함 등으로 초반의 신선함을 보이기 어려워지자 새로 시작하는 걸그룹들은 신선함을 전면에 내세우기 시작했다. 2015년에 시작한 여자친구 등을 비롯해 수많은 걸그룹들이 교복과 테니스 스커트를 입기 시작한 이유라 할 수 있다.

　　그런데 이 신선함은 기존에 없던 새로운 의상을 통해 만들어낸 게 아니다. 나이가 조금만 들면 보통은 못 입게 되는 어린 학생들의 옷을 입고 그 특유의 미숙함을 모사하는 것에서 나온다. 그러므로 이건 물리적 나이에서 비롯되는 건 아니다. 요즘 데뷔하는 그룹에 속해 있는 1994~95년생들은 대학생으로 치면 3, 4학년으로 결코 어린 분들이라고 할 수 없다. 하지만 방송에서 노출되는 측면에서 보자면 시청자들에게는 처음 보는 낯선 사람들이기 때문에 그 나이에 레이스 리본 드레스를 입는다고 해도 큰 괴리감이 느껴지진 않는다. 또한 어린 사람을 어려 보이게 하는 전략적 선택에서 나온 의상, 가사, 안무와 캐릭터 등등은 신인이라는 강점을 취함과 동시에 기존 걸그룹들이 가진 약점을 파고들 수 있다. 즉 기존 그룹들을 더 나이 들고, 더 성숙해 보이게 만든다.

　　물론 누구나 나이가 들고 게다가 한 분야의 최전선에서 몇 년간 활약하다 보면 전문인으로서 뚜렷한 직업관이 형성되고 실력과 기량이 늘며 성숙하게 된다. 하지만 그런 걸 작금의 한국 걸그룹 팬들은 별로 원하지 않고 그러므로 생존에 적합하지 않다는 게 문제다. 결국 작년부터 대거 등장한 테니스 스커트와 교복은 더 어린 아이돌을 선호하는 사회의 요구와 소비 형태가 반영된 결과다. 하지만 세태 탓만 할 수는 없는 게 기획사들이 내린 결정과 선택이 이런 체제를 굳히고 강화한 측면도 분명 있기 때문이다. 상업적으로 검증된 돌파구를 선택했을 뿐이라해도 이러한 사회 행태를 고착하고 강화했다는 혐의에서 자유로울 수는 없다.

이런 현상은 보이그룹보다 걸그룹에서 더욱 선명하게 드러난다. 대중의 요구가 만들어낸 그들의 생존 방식이 다르기 때문이다. 보이그룹은 팬덤을 기반으로 음반을 판매하고 콘서트를 개최해 수익을 올릴 수 있다. 이 경우 아주 초기면 몰라도 방송에 그렇게까지 매달리지 않아도 된다. 그렇기 때문에 신화처럼 오랫동안 유지되는 그룹도 있고, 방송에서는 보기 어려운데도 큰 수익을 올리는 그룹도 나올 수 있다. 젝스키스처럼 나중에 다시 결성하거나 GOD처럼 방송에서 이벤트로 팬 모임을 주최해도 한때의 열혈 팬들은 다시 팬덤 모드로 바뀌어 현장을 찾아온다.

이에 비해 걸그룹은 보통 대중을 기반으로 음원을 판매하고 여기서 확인된 인기로 다양한 행사에 출연하고 방송에 나간다. 티켓 가격이 10만 원가량 되고 굿즈와 음반을 함께 판매할 수 있는 대형 콘서트를 개최할 수 있는 걸그룹은 많지 않다. 심지어 카라 전성기 때 팬덤에서 나온 포토북도 적자를 봤다는 이야기가 있을 정도다. 그렇기 때문에 걸그룹은 대중의 취향에 더 큰 영향을 받고 수많은 방송 노출로 이미지가 훨씬 빨리 소모된다. 성숙과 성장이 관전 대상이 되지 못하기에 새로운 얼굴이 나타나면 저절로 밀려난다. 사람들이 걸그룹 아이돌이 성장해 어떤 결과물을 만드느냐보다 신선하고 미성숙한 어린 걸그룹을 선호하는 한 이런 구조는 변하기 어렵다.

그러므로 걸그룹 멤버들에게 현역 아이돌이라는 직업은 빠져나갈 길, 좀 더 긴 수명의 직업을 찾는 통로로 작동한다. 대부분은 좀 더 오랫동안 할 수 있는 배우의 길로 빠져나가길 원한다. 예능 쪽은 전문적인 여성 예능인들도 나이와 경력이 차오르기 시작했을 때 갈 자리가 없는 상태라 미래를 생각하며 들어가기는 어렵다. 음악 쪽에서 돌파구를 찾는 경우도 있긴 하다. 메인 보컬 출신은 뮤지컬 쪽으로 가는 게 그나마 전공을 조금 살리는 케이스인데 그쪽에서만 소비되고 현역임에도 전설의 스타처럼 취급받는 한계가 있다. AOA의 지민이 인프리티 랩스타로 만들어놓은 음원 왕의 길이 있는데 여기에도 이제 모두가 달려들고 있다. 누군가 겨우겨우 길을 만들면 일단은 그쪽으로 몰려갈 수밖에 없다. 물론 이런 개척의 걸음들은 매우 소중하다.

여하튼 이렇게 기존 턴이 종료를 맞이하고 새로운 7년의 턴이 시작되고 있다. 2015, 2016년에 자리를 잡은 신인 그룹이 대거 등장했으니 이제 다음 턴은 2022년쯤에 찾아올 거다. 지금 상태가 반복된다고 가정하면 이들은 2018~19년쯤에 정점을 찍을 거고 그러는 동안 함께 데뷔했지만 헤매고 있는 몇몇은 EXID가 그랬던 것처럼 우연한 계기로 각광을 받으며 역주행에 성공할지도 모른다. 그때가 되면 지금의 무기인 어림과 신선함이 사라진 후일 테니 새로운 신인들은 2010년대 초반에 보였던 한계와 단점을 개선한 전략적 섹시 등의 콘셉트로 대결을 펼칠 거다. 그리고 결국에 가서는 더 어린 여자아이들에 의해 후선으로 물러나게 된다.

그러나 사회가 그마나 변화하고 있으니 지금과 똑같은 패턴으로 반복될 리는 없고 그래서도 안된다. 새로운 턴에서 약간 달라진 게 있다면 한 번 경험해본 덕분인지 모든 게 더 빨라지고 있다는 거다. 미성숙과 학생 콘셉트는 이미 자리를 잡아버렸고 파격 콘셉트, 섹시 콘셉트가 더 빠른 속도로 빈자리를 채우고 있다. 이런 걸 극복한답시고 5년차 이상 걸그룹의 노래를 많이 들어줍시다, 콘서트도 가봅시다,

그분들의 성장을 바라봅시다 같은 캠페인을 할 수는 없는 노릇이다. 과연 이번 턴이 끝날 즈음까지 무엇이 변화하고 무엇을 변화시킬 수 있을지, 또한 이 사회가 수십만 명이나 된다는 연습생을 어떤 식으로 소화해내고 그중 경쟁을 통해 걸러져 나온 걸그룹으로 어떤 변화를 만들어내고 효용을 얻을 수 있을지, 그리고 그 속에서 과연 패션이 어떤 새로운 역할을 할 수 있을지 지켜보는 게 앞으로 7년간의 관전 포인트라 할 수 있겠다.

비싼,
페미니즘

샤넬은 파리 패션위크 기간 중인 2014년 9월 30일 2015년용 봄여름 컬렉션을 선보였다. 그랑 팔레 뮤지엄에서 열린 이 컬렉션은 펫 샵 보이스의 음악「아임 낫 스케어드(*I'm not Scared*)」와 함께 모델들이 둘씩 짝지어 걸어 나오면서 시작된다.[1] 처음 넷은 모두 바지에 재킷을 입었고 이후 대략 90여 세트의 룩이 등장한다(샤넬 패션쇼의 평균 숫자다). 여기까지는 보통의 패션쇼와 크게 다를 바가 없었다. 하지만 마지막이 달랐는데 일반적인 경우에는 모델들이 단체로 걸어 나온 후 디자이너가 나와 인사를 하며 박수를 받는다. 그렇지만 이 쇼에서는 칼 라거펠트가 선두에 서고 카라 델러빈, 지젤 번천, 켄달 제너, 조안 스몰스 등 모델들이 단체로 각종 페미니즘 구호가 적힌 플래카드를 들고 행진을 했다. 그들은 떠들썩하게 걸으며 메가폰에 대고 구호를 외쳤다. 이 글

---

1   샤넬의 2015 SS 컬렉션을 보고 싶다면 유튜브에서 'Chanel 2015 SS'라고 검색하면 된다.

은 이후 다채로운 파편을 만들어낸 이 가짜 시위에 대한 이야기다.

샤넬의 크리에이티브 디렉터인 칼 라거펠트가 왜 이런 쇼를 만들어 냈을까에 대해선 의견이 분분하다. 우선 칼 라거펠트의 인생사를 대충 돌아보자면 1933년 함부르크의 꽤 부유한 집안에서 태어났다. 할아버지는 사업가, 아버지는 정치인이었다. 일찍 패션에 눈을 떠 파리로 이주해 이후 장 파투, 클로에, 펜디와 자신의 브랜드인 칼 라거펠트, 그리고 샤넬을 거치며 자리를 잡았다. 다이어트 말고는 사생활에 대해 그다지 알려진 건 없다. 자크 드 바셰 (1951~1989, AIDS로 사망)와 오랜 관계를 맺었지만 (공식적으로) 결혼한 적은 없고, (입양이든 뭐든) 자녀도 없다. 합법화된다면 고양이 슈페트와 결혼하고 싶다는 이야기를 한 적은 있다. 이외에 프랑스 동성혼 운동을 후원하고, 컬렉션을 통해서 보여주기도 했다. 하지만 게이 커플의 인공 수정에 의한 자녀 입양에 대해서는 반대하는 입장을 밝혔다.[2] 따지고 보자면 월급쟁이긴 하지만[3] 이제는 세상에 몇

---

2   이에 대해 다음을 참조. Thomas Adamson, "Karl Lagerfeld Supports Gay Marriage In Lesbian Couture," *The Huffington Post*, January 22, 2013. www.huffingtonpost.com/2013/01/22/karl-lagerfeld-gay-marriage-lesbian-couture-_n_2525999.html

3   샤넬의 소유주는 프랑스 국적의 유태인인 알랭 베르트하이머와 제라드 베르트하이머 형제다.

남지 않은 소위 제왕적 디자이너 중 하나라고 할 수
있다. 각종 복제로 무너졌던 샤넬을 기가 막히게 다
시 일으켜 세우는 데 성공했고 지금까지 유지하는
탁월한 능력 덕분에 여전히 건재하다.

　　이분의 발언은 종종 논란을 불러일으켰다. 예
를 들자면 아델한테는 너무 뚱뚱하다고 했고, 케이
트 미들턴 영국 왕세자비의 동생인 피파 미들턴에게
는 못생겨서 뒷모습만 봤으면 좋겠다고 말했다. 또
한 모델인 하이디 클럼은 몸이 무거워 보이고 가슴
도 너무 커서 런웨이 모델로 쓸 수 없다고 했다. 최근
너무 마른 모델 문제가 파리나 밀라노의 패션위크에
서 이슈가 되면서 이를 금지하는 규정이 제정되기도
했는데 이 부분에 대해서도 사람들이 뚱뚱한 모델은
결코 보고 싶어 하지 않을 거라는 언급도 자주 했다.[4]
대체적으로 외모와 살집에 대해 대단히 민감한 것으
로 보이는데 이런 논란의 발언들이 대략 2010년에서
2013년 사이에 계속 나왔다. 당연하게도 여성 단체
등으로부터 욕을 꽤 많이 먹고 있는 참이었다. 그런
와중에 2014년 9월 난데없이 패션쇼에 페미니즘 시
위를 들고 나온 거다. 그러면서 인터뷰를 통해 자기

4　논란이 된 발언은 위키피디아의 칼 라거펠트 항목에 몇 가
지 정리되어 있다. https://en.wikipedia.org/wiki/Karl_Lager-
feld#Personal_life

어머니는 꽤 훌륭한, 그러나 "드세지 않은" 페미니스트였고 자기도 그런 생각을 이어받아 트럭 드라이버처럼 거친 페미니즘은 싫어하고 "가벼운 마음"의 페미니즘적인 생각을 좋아한다는 말도 덧붙였다.[5]

여기까지 보면 이 할아버지가 사람들이 자신의 허튼 발언(원래 실없는 이야기를 꽤 많이 하는 분이다.[6]) 뒤의 본심을 못 알아봐주는 데 삐쳤거나, 오해받는 게 싫어서 '내가 사실은 이 정도로 페미니스트야'라는 식으로 세상에 좀 보여주고 싶은 욕심이 있었다고 예측할 수 있다. 물론 순전히 추측이긴 하지만, 사람이 어떤 코너에 몰렸을 때 이런 류의 방어기제를 보이는 건 사실 꽤 흔하다. 그러므로 누군가 갑자기 '나는 사실 이런 사람이야, 근데 왜 몰라줘' 같은 식의 움직임을 보인다면 일단 그 앞뒤에 무슨 일이 있었는지 검토해보는 게 좋다. 게다가 바로 전 시즌인 2014년 FW 컬렉션의 무대는 꽤나 전형적인 공간인 슈퍼마켓이었다. 모델들은 돌아다니며 장

5   Alyssa Vingan, "Karl Lagerfeld couldn't Care Less If You Didn't Like His Feminist Rally," *Fashionista*, October 14, 2014. http://fashionista.com/2014/10/chanel-no-5-launch-dinner
6   예를 들자면 생일에 대한 논란이 있었는데 처음에는 1938년생이라고 했다가 함부르크에서 서류가 발견되어 1933년생으로 확인되었음에도 불구하고 이번에는 1935년에 태어났다고 선언을 했다.

을 봤었다. 슈퍼마켓에서 갑자기 거리로 튀어나오더니 '난 사실 페미니스트였다'고 외치며 시크한 시위를(혹은 시위도 시크할 수 있다는 걸) 보여준 거다. 어쨌든 꽤 괴팍한 방식으로 의견을 개진하며 자신을 항변한 것처럼 보이지만 칼 라거펠트는 험난한 하이엔드 패션계에서 어언 60여 년(커리어의 시작을 1955년 발망 취직으로 친다면)을 보낸 사람이고, 그러므로 이런 일종의 도발을 부린다고 해도 절대 상업적인 고려가 빠질 수는 없다. 이는 가짜 시위를 둘러싼 두 번째 맥락을 이룬다. 2014년 9월의 패션쇼로 돌아가보자.

― 구호 혹은 농담

이 패션쇼는 앞서 말한 대로 모델 두 명, 카라 델러빈과 빙크스 월턴이 걸어 나오며 시작한다. 바로 이어서 두 명이 더 나온다. 자글자글한 무늬의 재킷을 입었는데 두 명은 긴팔이고 두 명은 반팔이다. 넥타이나 스카프를 두르고 있고 금속 샤넬 마크가 대롱대롱 매달려 있는 각진 가방을 들었다. 2015년 봄 명동에 있는 롯데 에비뉴엘 샤넬 매장 쇼윈도에 같은 판탈롱 정장으로 구색을 갖춘 마네킹이 서 있었다(명동 신세계는 쇼윈도가 좁은 탓인지 약간 달랐다). 이후 주르륵 많은 옷들이 등장한다. 장식과 꾸밈은 있지만 거추장스러운 면은 최소화한 옷이다. 신발은

형형색색이 어울려져 있든 번쩍이는 골드 컬러든 플
랫이 주류고, 힐이나 부츠라고 해도 넓은 뒷굽을 붙
여놔서 여하튼 거리에서 정말로 신고 돌아다닐 수
있다. 물론 호화로운 럭셔리 브랜드의 특징인 반짝
이는 액세서리와 가방이 빠지지 않는다. 모델들은
한 방향으로 걷는데 중반 이후를 보면 둘씩 짝지어
걸으면서 뭔가 대화를 나누기도 하고 어디론가 약
속된 장소로 바삐 가고 있는 듯한 모습을 보인다. 보
통 컬렉션의 마지막 몇 벌은 공을 많이 들인 화려한
이브닝 드레스로 장식하기 마련인데 이 쇼에는 그런
것도 없었다.

　　등장하는 옷들은 크게 둘로 나눠볼 수 있다.
하나는 기존 샤넬풍의 지금 시점 버전으로 칼 라거
펠트가 워낙 잘하고 있는 분야다. 트위드 재킷, 보헤
미안 룩, 어른을 위한 당찬 소녀 룩, 리틀 블랙 드레
스 등 샤넬이라는 큰 줄기를 이어받으면서도 구태의
연하게 내려앉지 않고 사치스럽지만 넘치지 않게 처
리해낸다. 곱게 반짝이는 것들과 호화로운 가죽은
적절한 곳에서 티 내지 않은 존재감을 과시하며 끼
어든다. 이 시즌은 레트로한 분위기를 내기 위해 약
간 촌티 나는 화려한 색상의 옷이 많은 게 또 하나의
특징이다. 다른 하나는 2015 봄여름 컬렉션 특유의
페미니스트 콘셉트 버전이나. 일단 바지와 재킷이
꽤 많다. 이들이 강렬한 전체 인상을 만들어내고 있

다고 볼 수 있는데 물론 두 콘셉트는 섞여 있고 한데
조화를 이루며 쇼의 이미지를 만들어낸다. 결론적으
로 옷들은 거친 시위를 하기에는 좀 그럴지 몰라도
그렇다고 아주 못 할 정도는 아닌 수준이다. 따지고
들자면 기본적인 분위기는 70년대 미국 스타일의 레
트로풍으로 글로리아 스타이넘이 『미즈(Ms.)』 매
거진을 발행하고 남녀평등 헌법 수정안(ERA) 통과
를 위해 시위를 하던 시절 페미니스트들의 상징적인
스타일에서 가져왔다.[7] 비록 글로리아 스타이넘의
기본 아이템 중 하나인 터틀넥 스웨터는 나오지 않
았지만 플레어 바지와 재킷, 레이밴의 비행사 선글
라스 같은 주요 테마는 충분히 활용했다.

　　　이 옷들이 마치 거리처럼 꾸며진 캣워크를 지
나간 후 어디선가 호루라기와 자동차 경적 소리가
들려오고 카메라 기자들이 캣워크로 튀어 나오면서
시위가 시작된다. 모델들은 대부분 가두 시위를 해
본 경험이 없었고, 아무도 메가폰에 대고 소리를 지
르려 하지 않아서 리허설 때는 영 어색한 분위기였
다고 한다. 4시간가량 연습과 대화를 하면서 시위에
익숙해지기 위해 애썼다고 하는데 모델 지지 하디드

7　이 부분과 이후에 전개되는 페미니즘 운동의 상황에 대해선
다른 글 참조. 미원, 「페미니즘에 반대하는 페미니즘」, 『도미노』,
7호, 지앤프레스, 2015년 9월.

는 당시의 경험에 대해 매우 비현실적이었다고 대답했다.[8] 구체적으로 모델들이 들고 있던 플래카드에 적힌 내용을 살펴보면 다음과 같다: "소년들도 임신해야 한다", "나 자신의 스타일리스트가 되어라", "마조히즘이 아닌 페미니즘", "당신을 위해 투표하라", "히 포 쉬(He for She, 한 명 있던 남자 모델이 이걸 들었다)", "전쟁이 아닌 패션을 만들어라", "모두를 위해 이혼하라", "역사는 그녀의 이야기(History is Herstory)", "트위드가 트윗보다 낫다", "페미니즘 그러나 여성스러운", "레이디 퍼스트"….

　　물론 중요한 이야기도 있겠지만 대부분 온건한 구호고 올드스타일이다. 같은 시즌 파리 컬렉션에서 여성 인권 단체 페멘의 멤버 두 명이 상반신을 벗고 몸에 "모델은 사창가에 가지 않는다(Model don't go to brothel)" 같은 구호를 적은 채 캣워크에 뛰어들었는데 그런 것들과는 분위기가 전혀 다르다. 2014년부터 본격 시작된 히포쉬(HeforShe) 캠페인도 있지만 솔직히 그쪽 사정에서 보자면 이제 와서 말해도 그만, 안 해도 그만으로 보이는 일반론에 시

8　　연습 과정과 지지 하디드의 인터뷰는 다음 기사 참조. Linda Sharkey, "Karl Lagerfeld's Response to Chanel's Feminist Protest Criticism," *Independent*, October 17, 2014. www.independent.co.uk/life-style/fashion/news/karl-lagerfeld-s-response-to-chanel-s-feminist-protest-criticism-9799805.html

답잖은 패션 농담을 덧붙여놨다. 딱히 주장하려는 게 있다기보다는 페미니즘 시위라는 이미지를 전달하는 게 목적이니 피켓이 존재하고 콘셉트만 충실하면 된다. 이런 식으로 기존의 어떤 것을, 그게 무엇이든 시크하게 재해석해 새로운 트렌드로 구성해내는 건 패션, 특히 디자이너 브랜드의 오랜 전략이다. 비비안 웨스트우드의 에티컬이나 마크 제이콥스의 안티 패션처럼 실제 고급 패션과 거리가 멀고 심지어 적대적인 것들도 가져다가 폼 나게 만들어낸다. 물론 하이패션이 재현하는 데는 돈이 든다. 오래 입어서 뜯어진 티셔츠에 "패션 꺼져"라고 매직으로 적어놓은 것과, 짐바브웨산 면을 모로코에서 염색한 다음 원단을 가져다 디자이너의 핏을 더한 후 허름함과 닮음을 재현하고 그 위에 핸드 페인팅으로 "패션 꺼져"라고 적어 캣워크에 올린 다음 부티크에 집어넣는 건 여러 측면에서 많이 다를 수밖에 없다.

— 페미니즘 세탁하기

고급 패션과 페미니즘이 지금까지 친한 관계였다고 말하기는 어렵다. 제조 측면에서 수많은 여성들이 종사하고, 또한 수많은 여성들이 주류 소비자를 이루고 있지만 어쨌든 이 회사들은 장사를 하는 업체라서 아주 특별한 경우가 아니라면 민감한 부분에 대해 의견을 내지 않는 쪽으로 대응한다. 누군가의 편을 들어서 누군가를 적으로 만드는 건 모두를 대상으로 하는 장사꾼의 태도가 아니다. 소비자 측도 대개 기존 사회 구조의 혜택을 받는 계층이기 쉬우니, 현 체제를 굳이 변화시켜봐야 자기에게 득이 될 게 별로 없다. 물론 캐서린 햄넷이나 비비안 웨스트우드처럼 어딘가에 큰 소리를 내려고 애쓰는 디자이너들이 있기는 하다. 하지만 패션과 페미니즘이 양립 가능한가, 혹은 패션이 정치적 문제에 큰소리를 내는 게 과연 맞는가 하는 건 오랜 논란거리임은 분명하다.

　　이런 기존의 형태는 고액 연봉을 받는 여성들이 본격적으로 늘어나기 시작한 80년대 이후 조금씩 변하기 시작했다. 럭셔리 업계도 이에 부응했다. 페미니즘이라는 딱지를 붙이고 있던 고급 브랜드를 찾아보자면 초기의 꼼 데 가르송이 있다. 이 비슷한 소위 아방가르드한 독자적인 룩을 선보이는 디자이너들이 비슷한 취급을 받았다. 하지만 고급 소재를 이용해 기하학적인 형태로 몸을 두른 그다지 친절하지 않아 보이는 룩을 만들어내는 건 사실 따져본다면 페미니즘 룩이라기보다 자의식 강조라는 더 큰 틀에 가깝다. 어쨌든 기존에 세상이 요구하던 여성상과 다른 모습을 일부러 선보이려 한다는 점에서 상통한다. 디자이너 피비 필로가 꾸려가고 있는 셀린느도 전통적인 여성상과는 다른 룩을 주로 선보였고, 그

게 고액 연봉을 받고 남자 따위 별 쓸모없다고 여기
는 일군의 여성들의 눈길을 끌었다. 그리고 그런 사
람들을 일컫는 '필로필스(Philophiles)'라는 신조
어도 생겨났다.[9] 말하자면 팬덤이 생겨난 거다. 이게
2013년쯤의 일인데 물론 그냥 생겨난 건 아니다. 즉
뜬금없이 피비 필로가 저런 옷을 만들었고 이에 대
해 별 생각도 없던 여성들이 갑자기 각성해서 필로
필스가 된 건 아니라는 뜻이다. 시야를 넓혀서 좀 더
크게 돌아가고 있던 줄기를 따라가보자.

2006년 수전 팔루디의 저서 『역풍(*Back-
lash*)』(1991) 15주년 기념판이 출간되었다.[10] 새로
쓴 서문에서 팔루디는 비록 미국 여성들은 할머니들
이 어떻게 살았는지 기억을 못 할 정도로 발전을 이
뤄내긴 했지만 결승선 바로 앞에서 어긋나고 있다고
말했다. 1990년대 이후 이룰 건 일단 이뤘다는 자만
과, 여성들이 더 이상 자신이 페미니스트라고 말하
는 걸 꺼리게 된 현상을 비판한다. 또한 주류 미국 사
회가 페미니즘에 대해 가진 왜곡된 시각을 언급하며
경제적 자립을 구매력으로, 자기 결정권을 외모 꾸

---

9   셀린느의 피비 필로와 필로필스에 대해서는 다음 기사 참조.
Benjamin Seidler, "Phoebe Philo and Her Disciples," *The New
York Times*, March 1, 2012. www.nytimes.com/2012/03/02/fash-
ion/02iht-rphoebe02.html?_r=0

10 『역류』의 출간 과정은 미원, 앞의 글 참조.

미기와 자존감 높이기로 바꿔놓은 시장과 상업주의
를 그 원인 가운데 하나로 꼽는다.[11] 이 비판 중 자신
을 페미니스트라고 부르기 꺼려하고 그런 식으로 생
각하지도 않게 되었다는 부분은 그 이후로도 한동안
유효했다. 영국의 페미니스트 단체 넷멈스에서 2012
년 조사한 바에 따르면 7명 중 단 1명만이 자신을 페
미니스트라고 답했다. 페미니스트라고 불리고 싶지
않은 이유에 대해 많은 이들이 너무 구식으로 보인
다고 말하면서 자신은 그렇게 규정짓지 않아도 될
만큼 강하다고 대답했다. 자신감을 가지는 거야 물
론 좋은 일이지만 그러면서도 40퍼센트 정도의 여성
은 영국이 아직 남성들의 세상이라고 대답했다.[12] 즉
페미니즘에 대한 기존 인상이 너무 구려져서 이 단
어에서 떠오르는 건 어딘가 촌티 나고 브래지어를
태우는 여자들 정도의 거친 이미지만 남아버렸다.
그래서 현실의 문제점을 인지하면서도 많은 이들이
이런 이미지에 선뜻 자신을 얹고 싶어하지 않게 된
거다.

　　이윽고 이렇게 20여 년이 넘게 지속된 페미
니즘, 페미니스트라는 단어에 대한 좋지 않은 인상

11　Susan Faludi, *Backlash: The Undeclared War Against American Women*, Crown/Archetype, 2009, pp.xiv–xv.
12　넷멈스 홈페이지 참조. www.netmums.com/home/feminism

을 바꿔보려는 시도가 여러 곳에서 시도되었다. 그 중 하나가 패션 쪽이다. 2013년 11월 『엘르』 영국판은 "『엘르』가 페미니즘을 쇄신한다(Elle rebrands Feminism)"라는 제목으로 페미니즘의 이미지를 바꾸는 캠페인을 시작했다. 『페미니스트 타임스(Feminist Times)』, 『바젠다(The Vagenda)』, 지난 유니스와 짝을 이뤄 광고 기획사인 마더, 위든 앤 케네디, 브레이브를 각각 선정해 이미지 쇄신을 의뢰했다. 참고로 마더는 타깃이나 코카콜라, 위든 앤 케네디는 나이키, 브레이브는 디오르나 초콜릿 회사 그린 앤 블랙 등을 담당하던 광고 에이전시다. 잡지에 기사만 낸 게 아니라 새로운 이미지를 선보이는 비디오를 제작해 티저를 만들고, 페미니즘 단체와 광고 에이전시, 잡지사 등이 모두 참여한 대규모 행사와 토론회도 열어 유튜브 등에 올렸다. 또한 캠페인의 일환으로 더 포셋 소사이어티라는 페미니즘 단체는 "페미니스트는 이렇게 생겼다(This is What Feminist Looks Like)"라고 적힌 티셔츠를 제작해 연예인을 비롯해 유명 정치인들에게 입혔다. 이걸 인터넷 뉴스나 트위터에 올리고 대중들은 이 새로운 페미니즘을 시크한 이미지로 받아들이며 소비했다. 물론 그저 쉽게만 돌아간 건 아니다. 데이비드 캐머런 영국 총리는 티셔츠 입기를 다섯 번이나 거부했고 이에 대해 더 포셋 소사이어티는 유감 성명을 발표하기도 했다. 하지만 이런 이슈들이 모두 합쳐 큰 움직임을 만들어낸 건 분명하다. 이 캠페인은 수전 팔루디가 비판했던 부분, 그러니까 구매력과 자존감 높이기라는 바로 그 자리에서부터 출발해 작정하고 뚫고 나오며 산업의 힘을 과시했고, 게다가 꽤 성공적이었다. 물론 이후에 발생한 일이 모두 이 캠페인 덕분이라고 할 수는 없다. 이런 이야기를 다시 할 때가 되었다는 사회 분위기가 있지 않고서야 아무리 돈을 처넣는다고 트렌드가 확산되진 않는다. 분명 적절한 시기에 트렌드에 일가견이 있는 팀들이 모여 적절한 방아쇠 역할을 했기 때문에 구질구질한 이미지로 지하에 묻혀 있던 페미니즘이라는 단어를 세탁할 수 있었고, 비로소 페미니즘 이슈가 수면 위로 다시 올라오는 데 성공한 것이다.

　　트렌드가 본격적으로 형성되기 시작하자 다음부터는 전방위로 자리를 넓혀갔다. 패션계에서는 본격적으로 페미니즘은 패셔너블하다는 쪽으로 방향을 잡았다. 『엘르』의 캠페인이 시작되고 한 시즌 후, 그리고 샤넬의 가짜 시위가 열리기 한 시즌 전인 2014년 5월의 패션위크에서는 셀린느뿐 아니라 프라다, 베르사체, 조나단 앤더슨 등 많은 디자이너들의 컬렉션 리뷰에 페미니즘이라는 단어가 들어갔다. 심지어 에르메스처럼 유행하고는 별 상관없는 고풍스러운 노선을 걷는 곳에서도 옷에 별로 신경 쓰지 않고 싶은 여성들을 위해 아무렇게나 걸쳐도 되는 컬렉션을 선보였는데 패션 에디터 로빈 기브한은 이런 태도 역시 페미니즘 트렌드의 반영이라고 해석했다.[13]

　　유명 연예인들의 참여도 늘어났다. 패션이 '페미니즘은 사실 꽤 멋진 거다' 쪽으로 갔다면, 연예인들은 아무래도 여러 문제를 현장에서 느끼며 직업 전선에 있는 한 명의 인간들이다 보니 자아와 주변 성찰 쪽으로 다가갔다. 칼 라거펠트의 가짜 시위가 있었던 9월을 기점으로 바라보자면 한 달 전인 8월에 엠마 왓슨의 UN 연설이 있었고, 비욘세도 같은 달 VMA에서 '페미니스트'라고 커다랗게 적은 무대 위에서 춤을 추며 노래를 불렀다. 기자들은 여성 연예인만 보면 당신은 페미니스트냐고 물어봐댔고 연예인들은 이에 대한 적절한 대답을 준비했다. 하도 물어보니 『바젠다』에서는 그런 질문은 별 의미가 없으니 그만 좀 물어보라는 칼럼을 내놓기도 했다.[14] 불과 2년 전 조사에서 사람들은 페미니스트냐는 물음에 7

13　Robin Givhan, "The Fashion World's Nod to Feminism: Flats Are In Vogue," *The Washington Post*, October 2, 2014.

14　Daisy Daisharrison, "Why We Need to Stop Asking 'Are You A Feminist?'," *Vagenda*, March 27, 2015. http://vagendamaga-zine.com/2015/03/why-we-need-to-stop-asking-are-you-a-feminist

명 중 6명이 아니라고 했었는데 기류가 변한 거다.

　　이런 추세는 패션이나 유명인의 발언을 벗어나 서서히 공간을 넓히며 지금도 여전히 지속되고 있다(패션은 이미 다른 데를 들여다보고 있다. 2015년 6월 파리 남성복 패션위크의 경우 젠더리스, 젠더 뉴트럴, 젠더 믹스 등의 방식으로 기존의 성적 코드를 희미하게 하고 있다). 여하튼 당사자가 잔뜩 존재하는 이슈고 문제가 계속되고 있고 게다가 꽤 시크하게 받아들여지고 있기 때문에 그 다음부터는 자연스럽게 흘러간다. 얼마 전 1993년생인 가수 아리아나 그란데는 트위터에 자신을 더 이상 '○○의 여자'라고 부르지 말라고 일침을 놓기도 했고[15] 이 비슷한 일이 사방에서 계속되며 다른 대중문화 안으로 파고 들어가고 있다. 2015년 화제였던 영화 「매드 맥스–분노의 도로(*Mad Max: Fury Road*)」(2015)도 이 커다란 흐름을 자연스럽게 반영하고 있다고 볼 수 있다.

　　― 만들어지는 미래
페미니즘이라는 단어가 트렌디하고 패셔너블하게 떠오른 것에 대해 많은 어린 여성들이 페미니즘을 다

15　아리아나 그란데의 트위터 계정에서 읽어볼 수 있다. https://twitter.com/ArianaGrande/status/607552378057990146

르게 보게 되었다는 긍정적인 시선도 있지만 비판과
우려도 공존한다. 칼 라거펠트의 패션쇼에 대해서도
여러 페미니스트와 매체들이 '과연 이것도 페미니즘
인가', '페미니즘에 도움이 되는가' 등에 대해 기다
아니다 의견을 쏟아냈다. 『바젠다』의 리아넌 루시
코슬렛은 샤넬의 가짜 시위가 비록 형편없기는 했지
만 덕분에 혹시나 어딘가의 여자아이 한 명이라도 페
미니즘이라는 말을 편안하게 사용할 수 있다면 그것
도 나름 의미가 있는 거 아니냐고 했고,[16] 패션 저널
리스트 하들리 프리먼은 이런 형식적인 페미니즘은
해로울 뿐이라면서 이 가짜 시위에는 수전 팔루디가
말한 "반짝이는 장신구들"밖에 보이지 않았다고 비
판했다.[17] 패션 씬에서 페미니즘이 본격 발흥한 시즌
인 2014년 5월의 패션위크만 돌아봐도 페미니즘 패
션이라는 단어가 사방에 넘쳐났지만 또한 한편에선
페멘의 시위대들이 몸에 과격한 구호를 적고 니나
리치의 캣워크에 뛰어들었다.

    페미니즘은 당연히 한 줄기만 있는 게 아니고
다양한 사람들이 각자 입장과 생각을 가지고 세상
안에서 관계를 형성해간다. 어차피 당사자들이 토

16 Rhiannon Lucy Cosslett, "Chanel: Co-opting Feminism at
Paris Fashion Week," *The Guardian*, September 30, 2014.
17 Hadley Freeman, "Karl Lagerfeld's Flimflam Feminism
won't Hurt the Real Thing," *The Guardian*, October 3, 2014.

론하고 싸우고 현실과 튜닝하며 정립해나갈 문제다.
칼 라거펠트야 옷이나 많이 팔면 그만이고 그렇게
번 돈 중 일부를 가져다 동성혼 운동 같은 곳에 후원
하겠지만, 어쨌든 가짜 시위에 참여한 90여 명의 모
델 중 칼 라거펠트와 남성 모델 한 명을 빼고는 모두
여성이었다. 거기 나온 옷도 다 여자들 입으라고 만
든 옷이었고 각종 지면을 통해 논쟁을 주고받은 사
람들도 페미니스트 단체, 패션 에디터, 그리고 각 분
야의 여성들이었다. 그게 상업주의든 진정한 페미니
즘이든 그 가짜 시위의 참여자와 구경꾼들의 머릿속
에서 뭐가 돌아가고 어떤 각성이 혹시 일어났는지,
그걸 가지고 어디서 무슨 말과 행동을 하게 되는지
가 미래를 만든다. 관심은 농담과 논쟁을 촉발하고
논의를 두텁게 만든다. 요란한 게 하여간 싫은 사람
들도 물론 있지만, 실제로 이 덕분에 고여서 변할 줄
모르던 많은 부분들에 변화의 가능성이 생겨난다.
조용히 앉아만 있는데 떡을 가져다주는 일은 당연히
없다. 칼 라거펠트가 가짜 시위를 연출하던 9월 캘리
포니아 주에서는 'Yes means Yes' 법안이 통과되었
다.[18] 한국에서는 SNS에 '#나는페미니스트입니다'

18　최근 문제가 되고 있던 캠퍼스 강간에 대한 법안으로 지금까
지는 확실한 거부 의사를 표현하지 않았을 때는 동의한 것으로 보
고 거부를 했는지 피해자가 입증해야 했지만(No means No) 새
법에서는 성관계에 있어 동의를 확실히 받았는지 여부를 성폭행
혐의자가 입증해야 한다(Yes means Yes).

해시태그를 달아보며, 역시 그다지 산뜻하게 들리지는 않게 되어버린 이 단어를 다른 눈으로 보려는 재각성의 움직임이 다른 이슈들과 함께 일어났다. 이들은 모두 다른 곳에서 왔고 아마도 약간은 다른 곳으로 가겠지만, 더 큰 눈으로 바라보자면 거대한 한 덩어리로 볼 수 있다. 미래는 아직 도래하지 않았고, 그러므로 그 어떤 일탈도 여전히 가치가 있다.

맺으며
어제의 옷, 내일의
패션

패션 vs. 패션

지금까지 우리에게서 멀어져가는 패션과 한때 지나친 일상성과 획일성으로 배제와 타파의 대상이 되었던 옷의 부활에 대해 살펴봤다. 그리고 이런 와중에 우리가 선택할 수 있는 옷의 또 다른 길인 취향으로서 옷과 기능으로서 옷도 살펴봤다. 남들이 음악을 듣고, 영화를 보고, 주말에 바이크를 타고, 자동차 관리에 돈을 쓰듯 옷은 선택할 수 있는 취미로 여전히 가치가 있다. 이런 취향으로서의 옷은 여가를 위한 아웃도어 라이프나 평범한 일상에서 괴리된 빅토리안 라이프, 페티시 라이프를 위한 좀 더 만족스러운, 좀 더 완성도를 높일 수 있는 도구이거나 케이팝 패션처럼 감상의 대상이다.

　　여기서는 이런 추세의 현재 상황에 대해 잠시 언급해본다. 패션 산업을 이끌어가는 주체는 크게 봐서 디자이너와 경영인이다. 파리와 밀라노의 하이패션은 디자이너들이 이끌어가고, 갭이나 유니클로 같은 대중적인 의복은 보통 경영인들이 이끌어간다. 담당하는 일이 세부적으로 나뉘면서 패션 브랜드의 얼굴 마담이자 콘셉트 자체가 되어가고 있는 디자이너의 중요성은 커지면서 동시에 줄어들고 있다. 커진다는 것은 패션 브랜드의 크리에이티브 디렉터가 뉴스의 주체가 되면서 그 자리에 앉아 있는 사람이 바로 홍보의 주인공이 되어가고 있다는 이야기다. 하지만 동시에 그 자리에는 더 이상 옷을 직접 만들거나 의상 제작을 이해하는 사람이 앉아 있을 필요가 없어지고 있다. 유명하면 좋고, 독특한 감각을 가지고 있다면 더 좋다. 그러므로 대형 브랜드들은 아예 연예인을 그 자리에 앉히고, 연예인 본인의 콘셉트를 활용하는 방식을 점점 더 선호하고 있다.

예를 들어 아디다스는 칸예 웨스트와 컬렉션을 만들어 세계 정상급으로 올려놨고 퓨마는 아예 리안나를 크리에이티브 디렉터로 임명했다. 물론 연예인과 패션의 결합은 예전부터 많이 보던 방식이다. 하지만 그 영향력은 물론이고 그저 이름만 빌리는 경우가 많았던 예전과는 경향이 다르다. 퍼렐 윌리엄스의 브랜드 바이오닉 얀은 플라스틱 폐기물로 만든 직물만 사용하고 기네스 팰트로의 구프는 고급 성인용품 시장에 뛰어들었다. 즉 연예인의 영향력을 이용해 환경문제에 대처하거나, 음지의 문화를 양지로 끌어올리는 등 긍정적인 변화를 유도하는 경우도 볼 수 있다.

경영인이 이끄는 브랜드를 보자면 유니클로

의 경우 매출이 줄어들고 있다는 뉴스가 많이 나온다. 하지만 이건 패스트 리테일링이 유니클로보다 더 저가의 브랜드인 GU를 내놓은 탓도 있고, 유니클로 하나만으로 판단할 문제도 아니다. 일반인들의 일상 의류 전체를 놓고 봤을 때 패스트 패션은 점점 더 중요해지고 있다.

　　1875년에 리바이스의 청바지 가격은 1.12달러였다. 물가 상승률을 고려했을 때 2014년도 가격으로 환산하면 23달러 정도 된다. 요새 리바이스 501이 60달러 정도 하니까 옷이라는 게 그렇게 비싸지 않았던 셈이다. 하지만 당시엔 소득이 워낙 낮았기 때문에 대부분 한두 벌 정도만 장만할 수 있었고 그렇게 구입한 옷을 오랫동안 입을 수밖에 없었다. 그래도 소득 중 의류 구입 비용이 14퍼센트나 차지했었다.[1] 청바지의 체감 가격이 두 배나 올랐고 옷을 당시보다 훨씬 많이 구입하고 있지만 2000년대 초반의 소득 중 평균 의류 구입 비용은 4퍼센트밖에 되지 않는다.

　　그렇지만 금융 위기가 있었고, 소득이 뜻대로

1　Derek Thompson, "How America Spends Money: 100 Years in the Life of the Family Budget," *The Atlantic*, April 5, 2012. www.theatlantic.com/business/archive/2012/04/how-america-spends-money-100-years-in-thelife-of-the-family-budget/255475

늘어나지 않고, 실질 임금이 하락하는 경향 속에서 예전처럼 살려고 하면 의복이라는 삶의 필수 요소가 소비에서 차지하는 비중이 늘어날 수밖에 없다. 그러므로 예전의 습성을 버리고 이런 소비 경향을 조절해야 하는데 결국은 저렴한 걸 더 오래 입는 방법밖에 없다. 하지만 요즘은 옷을 옛날처럼 튼튼하게 만들지 않으므로 남은 방법은 저렴한 걸 사는 것뿐이다. 취향이라는 건 쉽게 사라지지 않으니 적어도 구색은 맞춰야 하고 그러므로 패스트 패션은 여전히 중요한 해답이다.

그렇다면 이제 옷을 가지고 재미를 느낄 만한 건 취향과 취미라는 또 다른 길밖에 없느냐라는 문제가 있다. 페티시 패션은 멋지고 재미있는 데다가 한국 특유의 도덕적 엄숙주의와 유교주의를 흔들어 놓을 방편 중 하나라 생각하기 때문에 기대가 되는데 아직 뚜렷하게 가시화된 건 없다. 다만 안나 수이 란제리, 프랑스의 에탐, 스페인의 오이쇼 등 고급 속옷 브랜드들이 속속 들어오고는 있다. 선택지도 다양해지고 거기에 익숙해지다 보면 분명히 생활 습관 어딘가를 바꿔놓을 수 있다. 이런 면에서 『젖은 잡지』를 비롯해 페티시를 다루는 출판물들의 활약도 기대할 만하다.

케이팝은 점점 더 고도화되면서 중소업체들이 모험을 두려워하는 경향을 보인다. 특히 2015년 이후 걸그룹은 교복과 테니스 스커트라는 정형화된 패턴에 함몰되는 경향이 뚜렷하다. 이를 변화시키는 건 어디까지나 관객의 몫이다. 과감하고 심지어 괴상한 의상을 착용하는 그룹을 더 아끼고 더 많이 보는 것만이 연예 기획사에게 모험을 할 여지를 주고, 결국 더 재밌는 미래를 만들어낼 방법이다.

　　마지막으로 흥미로운 시사점을 보이는 최근의 경향 하나를 소개해본다. 지금까지 패션은 디자이너 혹은 경영인이 끌어오는 산업이었지만 최근 들어 제조업자와 제조 공장이 전면에 나선 패션 트렌드가 주목을 받고 있다. 즉 본문에서도 잠깐씩 언급한 과거의 옷과 그것들의 복각, 레플리카다.

　　패션이란 기본적으로 내일 입을 옷을 만드는 일이다. 프라다가 본격적으로 도약한 80년대, 헬무트 랑이 패션을 바라보는 시각과 패션이 무엇을 할 수 있는지에 대한 세간의 인식을 넓혀놓은 90년대를 거치며, 패션은 점점 더 먼 미래를 바라봤다. 이는 90년대 인터넷이 본격적으로 대중화되고, 접할 수 있는 정보가 보다 많아지고 동시화되면서 형성된 희망과 낙관 덕분이었다.

　　하지만 일본에서 버블이 무너지고 미국에서 금융 위기가 지나간 다음 이런 희망과 낙관은 환멸과 비관으로 바뀌었다. 당장 눈앞의 고민이 우선이 된 거다. 그렇게 무너진 상황인 일본의 90년대, 미국의 2000년대 후반에 본격적으로 발돋움한 패션 트렌드 중 하나가 레플리카 패션이다. 레플리카라고 아무거나 복각하는 건 아니고 19세기 말, 20세기 초 미국의 워크웨어가 주 대상이다. 레플리카 트렌드는 외형뿐 아니라 제조업 그 자체의 복원이므로 조금 비싸다.

　　나쁜 점을 먼저 말하자면 이건 아주 쉽게 자국주의와 결합한다. 메이드 인 유에스에이, 메이드 인 저팬을 넘어 메이드 인 뉴욕, 노스 캐롤라이나, 오카야마, 교토, 심지어 레드 윙, 롤리, 오오미치 등 점점 더 작고 좁은 곳을 향한다. 내가 만들고 네가 사주고, 네가 만드는 걸 내가 사주는 교환형 로컬 경제로 버텨내기다. 심지어 본사가 위치한 곳에서 100킬로미터 안에서 나오는 재료로 모든 걸 만들었다고 자랑하는 브랜드도 쉽게 찾을 수 있다.

　　이건 소규모 제조업이 패션의 일부가 되고 그 자체가 멋이 되어 옷의 특징의 일부가 되는 모습을 보여준다. 레플리카 의류라는 건 1900년대 칼하트, 1940년대 리바이스 등 똑같은 걸 다시 만들고 있는 거라 브랜드별 특징이라고는 내가 쓰는 재봉틀이 더 오리지널이다 같은 거밖에 없다. 다만 이건 한때 의류 제조업이 흥했고 그게 다 망해서 흔적이 남아 있는 곳들만 할 수 있다는 한계가 있다. 노스 캐롤라이나 콘 밀스 공장에서 나온 데님을 사다가, 이베이에서 구입한 구식 재봉틀로 박음질을 하고, 이렇게 집에서 완성한 옷을 인터넷에 올려 판매한다. 운이 좋으면 인터넷을 따라 소문이 나고, 어딘가 근사한 컬렉션 숍에 들어갈 수도 있다.

　복각할 만한 유명 제품들은 다 복각이 끝났고 이제 오리지널 디자인의 브랜드들이 나오고 있다. 예전 직물을 가지고 예전 방식으로 새로운 옷을 만들어내는 거다. 다 고만고만하긴 하지만 어차피 이 바닥은 디테일 중심의 세계고 그렇기 때문에 작은 차이를 만들어내는 데 집중한다. 그렇게 옛날 옷을 가지고 만드는 새로운 패션이 완성된다.

　1950년대 이전 의류 제조업의 흔적을 지닌 이런 브랜드들은 그렇게 대단한 기술이 필요하지 않고, 게다가 비싼 의류라 고부가가치 사업이기 때문에 스몰 브랜드, 1인 브랜드가 끌고 가는 경우가 많다. 따지고 보면 고급 패션, 파리와 밀라노의 컬렉션도 처음에 이렇게 생겨났다. 일상복을 남보다 잘 만드는 사람이 좀 더 독특한 오리지널 의류를 만들 수 있게 되자 그걸 원하는 사람들이 생겨났고, 그걸 비싸게 팔다 보니 지금까지 커져온 거다. 지금 그게 청바지와 워크웨어 쪽에서 그대로 반복되면서 패션이 만들어지고 있다. 어느 시점에 가면 이런 스몰 브랜드들이 만드는 옷의 폭이 넓어질 수 있다. 진짜 이야기는 그때부터 시작될 거다.

　　암담한 조건 속에서도 예쁘고 멋진 걸 만들어
보려는 사람은 끊임없이 나온다. 그런 예쁘고 멋진
걸 입어보고 싶은 사람들도 끊이지 않을 것이다. 이
런 본성이 아직 패션에 더 바라보고 즐거워할 새로
운 게 있다는 증거라고 믿는다.

찾아보기

감므 루즈(Gamme Rouge) 194

감므 블루(Gamme Bleu) 194

갭(GAP) 104, 132, 139, 189, 253

게르하르트 슈타이들(Gerhard Steidl) 79

게토고딕(GHE20G0TH1K) 82~84

겐조(Kenzo) 46, 76, 84, 208, 219

겔랑(Guerlain) 50

고야드(Goyard) 19, 21

골든 베어(Golden Bear) 75

구찌(Gucci) 29~31, 47, 49, 53, 57, 60~61, 64, 66, 68~69, 144

구프(Goop) 254

그레노블(Grenoble) 194

그린 하우스(Green House) 119

글렌모렌지(Glenmorangie) 50

글로리아 스타이넘(Gloria Steinem) 238

글로버올(Gloverall) 126

기네스 팰트로(Gwyneth Paltrow) 254

기브스 앤 호크스(Gieves & Hawkes) 37

기쿠치 타케오(菊池武雄) 120

까르띠에(Cartier) 50

꼼 데 가르송(Comme des Garcons) 25, 69~70, 120, 241

나오키 타키자와(滝沢直己) 139

내셔널 스탠더드(National Standard) 134

넷멈스(Netmums) 243

노나곤(NONA9ON) 206, 216

노박 조코비치(Novak Djokovic) 143

니고(Nigo) 139

니나 리치(Nina Ricci) 248

니콜 콜로보스(Nicole Colovos) 34

니콜라 포미체티(Nicola Formichetti) 76, 83, 139, 208

니콜라스 게스키에르(Nicolas Ghesquiere) 58

다나카 노리유키(田中紀之) 133

닥터 마틴(Dr. Martens) 43

단테(Dante) 38

더 포셋 소사이어티(The Fawcett Society) 244

던힐(Dunhill) 50

데시괄(Desigual) 24

데이비드 캐머런(David Cameron) 244

도나텔라 베르사체(Donatella Versace) 87

돌체 앤 가바나(Dolce & Gabbana) 48, 160

동방신기 204

두베티카(Duvetica) 182

드리스 반 노튼(Dries van Noten) 28

디 안트워드(Die Antwoord) 83

디오르 옴므(Dior Homme) 79~80

디오르(Dior) 14, 21, 31, 33~34,

45~47, 50, 65, 79~80, 244
띠어리(Theory) 134
딕 반 셰인(Dirk Van Saene) 28
딕 비켐버그(Dirk Bikkembergs) 28

라 펄라(La Perla) 99
라프 시몬스(Raf Simmons) 26~27, 29~30, 49, 80, 83
랄프 로렌(Ralph Lauren) 121
랑방(Lanvin) 20~21, 44~46, 54, 65~66, 80, 147
러블리즈(Lovelyz) 205
러스트(Lust) 161
레모 루피니(Remo Ruffini) 194
레이 카와쿠보(川久保玲) 42, 120
레이디 가가(Lady Gaga) 79
렌조 로소(Renzo Rosso) 28~29, 33
로라이즈 범스터(Low-Rise Bumster) 38
로로 피아나(Loro Piana) 45
로빈 기브한(Robin Givhan) 246
로열 메일(Royal Mail) 195
로저 앤 갈레(Roger & Gallet) 50
롤렉스(Rolex) 101
롤링 스톤스(The Rolling Stones) 105
롭 헬포드(Robert John Arthur Halford) 157
루이 비통(Louis Vuitton) 19, 33, 43, 45, 47, 58, 77~78, 80, 86,

144
리나운(Renown) 109
리브 고쉬(Rive Gauche) 78, 80
리아넌 루시 코슬렛(Rhiannon Lucy Cosslett) 248
리안나(Rihanna) 83, 225, 254
리오넬 테레이(Lionel Terray) 194
리치몬트(Richemont) 44, 50
리카르도 티시(Riccardo Tisci) 34, 49, 76, 210
린다 로파(Linda Loppa) 28

마놀로 블라닉(Manolo Blahnik) 165
마루이(丸井) 119
마르탱 마르지엘라(Martin Margiela, MM) 28, 32, 49, 69
마리 카트란주(Mary Katrantzou) 210
마리나 이(Marina Yee) 28
마이클 콜로보스(Micheal Colovos) 34
마츠다 미츠히로(松田光弘) 120
마크 저커버그(Mark Zuckerberg) 100
마크 제이콥스(Marc Jacobs) 80, 214, 240
메르시에(Mercier) 50
메리 퀸트(Mary Quant) 111
멘스 비기(Men's Bigi) 120
모스키노(Moschino) 76
모에 에 샹동(Moet et Chandon)

50

모엣 헤네시(Moet Hennessy) 43, 86

모이낫(Moynat) 19, 45, 58

몽블랑(Montblanc) 50

몽클레르(Moncler) 188, 193~194

문영희 20

뮈글러(Mugler) 76, 139

미소니(Missioni) 54, 61~62

미우치아 프라다(Miuccia Prada) 25

미유키족(みゆき族) 116~118, 122

미쓰비시(Mitsubishi) 119

밀레(Millet) 189

밀크(Milk) 169

바버(Barbour) 73, 75

바쉐론 콘스탄틴(Vacheron Constantin) 50

바이오닉 얀(Bionic Yarn) 254

박항치 20

반 클리프 앤 아펠(Van Cleef & Arpels) 50

반스(Vans) 69, 101, 188

발렌시아가(Balenciaga) 58

발렌티노 가라바니(Valentino Garavani) 35

발렌티노(Valentino) 22, 34~35, 46, 68

발망(Balmain) 49, 54, 137~138, 236

발터 반 베이렌동크(Walter Van Beirendonck) 28, 83

버버리(Burberry) 53, 180

버튼(Burton, Burton Snowboards Inc.) 214

베다 앤 코(Bedat & Co) 50

베르나르 아르노(Bernard Arnault) 86

베르사체(Versace) 21, 54, 87, 131, 214, 245

베이프(Bape) 139

벨다 로더(Veldar Lauder) 161

벨베데레(Belvedere) 50

벨스타프(Belsta) 73

보델(Bordelle) 161

보메 에 메르시에(Baume et Mercier) 50

보테가 베네타(Bottega Veneta) 47, 50

본토니(Bontoni) 56

뵈브 클리코(Veuve Clicquot) 50

부쉐론(Boucheron) 50

불가리(Bulgari) 50

브라운스(Browns) 87

브랫슨(Bratson) 219

브루클린 테일러스(Brooklyn Tailors) 56

브이파일스(VFiles) 83

비너스 엑스(Venus X) 83

비비안 웨스트우드(Vivienne Westwood) 169, 207, 214, 225, 240~241

비욘세(Beyonce) 225, 246

비틀스(The Beatles) 105

빅뱅(BigBang) 205~206, 209~211, 213, 217

빅스(VIXX) 209

빅토리아 시크릿(Victoria's Secret) 56, 59, 99, 161

빌 게이튼(Bill Gaytten) 34

빙크스 월턴(Binx Walton) 236

사라 버튼(Sarah Burton) 57

상하이 탕(Shanghai Tang) 50

샤넬(Chanel) 15, 50, 61, 65, 232~234, 236~237, 245, 248

샤오미(小米) 144

샤토 디켐(Chateau d'Yquem) 50

서태지와 아이들 215

세르지오 로시(Sergio Rossi) 50

세븐 포 올 맨카인드(7 for All Mankind) 69

셀린느(Celine) 46, 241~242, 245

셰인 올리버(Shayne Oliver) 77, 81, 83~84

소녀시대 205, 217~220, 225

손정완 20

송자인 20

쇼우 란 왕(王效蘭) 44

숀 로스(Shaun Ross) 83

수전 팔루디(Susan Faludi) 242, 245, 248

슈콤마보니(Suecomma Bonnie) 219

슈프림(Supreme) 84

스카르페 디 비앙코(Scarpe di Bianco) 56

스털링 루비(Sterling Ruby) 79

스테파노 필라티(Stefano Pilati) 79

스텔라 매카트니(Stella McCartney) 50, 84

스투시(Stussy) 101

스티브 매퀸(Steve McQueen) 93~94

스티브 잡스(Steve Jobs) 100

스파오(Spao) 104, 145

스펙테이터(Spectator) 101

스포클로(SPOQLO) 136

신화 217, 228

싸이 62, 223, 225

아 랑에 운트 죄네(A. Lange & Sohne) 50

아델(Adele) 234

아드벡(Ardbeg) 50

아르마니(Armani) 21, 33, 131

아리아나 그란데(Ariana Grande) 225, 247

아오야마 상사(青山商事) 129

아오키(AOKI) 129

아이더(Eider) 195

아이작 미즈라히(Isaac Mizrahi) 49, 77

아장 프로보카퇴르(Agent Provocateur) 59, 161

아제딘 알라이아(Azzedine Alaia) 77

아쿠아 디 파르마(Acqua di Parma) 50

악동뮤지션 206, 217

안나 수이(Anna Sui) 172, 256

안젤라 아렌츠(Angela Ahrendts) 53

알랭 베르트하이머(Alain Wertheimer) 233

알랭 쉐발리어(Alain Chevalier) 86

알레산드로 미켈레(Alessandro Michele) 49

알렉산더 맥퀸(Alexander McQueen) 36, 38, 42~43, 51, 57, 68~69, 165~166, 210

알렉산더 왕(Alexander Wang) 49, 84, 143

알렉산드라 파치네티(Alessandra Facchinetti) 194

알버 엘바즈(Alber Elbaz) 44, 80

앙드레 김 20, 60, 100

앙리 라카미에(Henry Racamier) 86

앤 드뮐미스터(Ann Demeulemeester) 28

앤더슨 앤 셰퍼드(Anderson & Sheppard) 37

앤트워프 식스(Antwerp Six) 25, 28

야나이 타다시(柳井正) 105, 128~130, 144

야나이 히토시(柳井等) 128

에니시(Enyce) 82

에드 루샤(Ed Ruscha) 79

에디 바우어(Eddie Bauer) 180, 185, 196~197, 199

에디 슬리먼(Hedi Slimane) 48, 58, 77~78, 80~81, 85

에르메네질도 제냐(Ermenegildo Zegna) 79

에르메스(Hermes) 19, 44~45, 61, 245

에밀리오 푸치(Emilio Pucci) 23, 46

에이미 멀린스(Aimee Mullins) 51

에이셉 라키(A$AP Rocky) 83

에잇세컨즈(8 Seconds) 61, 104

에코(Ecko) 82

에프엑스(f(x)) 217, 226

엑소(EXO) 217

엔젤스 앤 버먼스(Angels & Bermans) 37

엘엘 빈(L. L. Bean) 199, 202

엘자 스키아파렐리(Elsa Schiaparelli) 58

엠마 왓슨(Emma Watson) 246

엠마뉴엘 웅가로(Emanuel Ungaro) 66

예거 르쿨트르(Jaeger-LeCoultre) 50

오구니 상사(小郡商事) 128~129

오냥코 클럽(おニャン子クラブ) 131

오렌지 카라멜(Orange Caramel)

209

오렌지 하우스(Orange House)
118

오베이(Obey) 219

오쉬코쉬(Oshkosh) 75

오스카 드 라 렌타(Oscar de la
Renta) 12

오프닝 세레모니(Opening
Ceremony) 76

오피치네 파네라이(Ocine
Panerai) 50

온워드 홀딩스(Onward
Holdings) 26~27

올드 잉글랜드(Old England) 50

와코루(Wacoal) 113

요지 야마모토(Yohji Yamamoto)
25, 54, 69

움베르토 레온(Humberto Leon)
76

원더 아나토미(Wonder
Anatomie) 221, 223~224

위도우스 오브 컬로든(Widows of
Culloden) 51

위베르 드 지방시(Hubert De
Givenchy) 34

윌리엄 윈저(William Windsor)
93

윌리엄 월데(William Wilde) 58

유니클로(UNIQLO) 15, 44, 54,
87, 94, 104~105, 113~114,
122, 128, 130~140, 142~148,
182~183, 187, 189, 195,
197~198, 201, 253~255

이베이(Ebay) 200, 258

이본 쉬나드(Yvon Chouinard)
201

이브 생 로랑(Yves Saint
Laurent) 35, 48, 58, 71,
79~81, 91, 166

이세이 미야케(三宅一生) 120,
123, 135, 139

이스트팩(Eastpak) 69, 188

이시즈 겐스케(石津謙介)
93, 96~97, 105~110, 113,
118~119, 123, 126~127

이자벨라 블로우(Isabella Blow)
38

이케아(Ikea) 141, 145

이하이 206, 217

자라(Zara) 15, 54, 94, 143, 146

자주(Jaju) 141

자크 드 바셰(Jacques de
Bascher) 233

잔느 랑방(Jeanne Lanvin)
20~21

잔스포츠(Jansports) 69, 188

장 자크 피카르(Jean-Jacques
Picart) 77

장 파투(Jean Patou) 233

장 폴 고티에(Jean Paul Gaultier)
28, 166

장광효 20

저스트 카발리(Just Cavalli) 214

제라드 베르트하이머(Gerard
Wertheimer) 233

제레미 스콧(Jeremy Scott) 76, 210

조나단 앤더슨(J. W. Anderson) 49, 245

조르조 아르마니(Giorgio Armani) 33, 68, 121

조안 스몰스(Joan Smalls) 232

조엘피터 위트킨(Joel-Peter Witkin) 51

조지 맬러리(George Mallory) 180

존 갈리아노(John Galliano) 33~34, 40, 42~43, 51, 68, 166

존 바바토스(John Barbatos) 69

존 발데사리(John Baldessari) 79

존 브룩(John Brooke) 19

존 서트클리프(John Sutcliffe) 164

주세페 자노티(Giuseppe Zanotti) 214

줄리아나 도쿄(ジュリアナ東京) 121, 131

지난 유니스(Jinan Younis) 244

지드래곤(G-Dragon) 158, 204, 210~211, 215, 218, 225

지방시(Givenchy) 34, 46, 51, 61, 68, 70, 76, 84, 141, 204, 208, 213

지암바티스타 발리(Giambattista Valli) 194

지오다노(Giordano) 130

지젤 번천(Gisele Bundchen) 232

지지 하디드(Gigi Hadid) 238

지춘희 60

질 샌더(Jil Sander) 14, 19, 21, 24~28, 30~31, 49, 54, 70, 79, 138

카띠까셈렛 차렘끼앗(Khatikasemlert Chalermkiat) 223

카라 델러빈(Cara Delevingne) 232, 236

카라(Kara) 205, 217, 229

카린 길슨(Carine Gilson) 161

칸예 웨스트(Kanye West) 83, 225, 254

칼 라거펠트(Karl Lagerfeld) 42, 50, 54, 68, 78~79, 100, 137, 172, 232~234, 236~237, 246, 248~249

칼 카니(Karl Kani) 75, 214

칼하트(Carhartt) 101, 258

캐나다 구스(Canada Goose) 177~178, 182, 188, 191~193, 197

캐럴 림(Carol Lim) 76

캐서린 햄넷(Katharine Hamnett) 241

캐시 하드윅(Cathy Hardwick) 63

커버낫(Covernat) 101

컬럼비아 스포츠(Columbia Sports) 188

케링(Kering) 26, 29~30, 44, 46, 56~57, 64, 78, 87

케이트 미들턴(Kate Middleton)
234

켄달 제너(Kendall Jenner) 232

쿠도 아츠코(Kudo Atsuko) 58,
166

쿤자(Kunza) 161

크레용팝(Crayon Pop) 205, 209

크롬 하츠(Chrome Hearts) 155

크뤼그(Krug) 50

크리스 버든(Chris Burden) 77

크리스티앙 라크르와(Christian
Lacroix) 23~24, 49, 65

크리스티앙 루부탱(Christian
Louboutin) 149, 206

크리스티앙 디오르(Christian
Dior) 45, 50

크리스토퍼 데카닌(Christophe
Decarnin) 49

크리스토퍼 케인(Christopher
Kane) 48

크리스티(Christie's) 50

클라우스 비젠바흐(Klaus
Biesenbach) 76

클로에(Chloe) 50, 224

클리프 리처드(Cliff Richard)
100

테렌스 고(Terence Koh) 80

토머스 핑크(Thomas Pink) 50

토즈(Tod's) 187

톰 브라운(Tom Browne) 48, 187,
205

톰 포드(Tom Ford) 29, 42, 48,

52, 57, 61~65, 67

투애니원(2NE1) 198, 200,
203~204, 217

투피엠(2PM) 200

트레튼(Treton) 50

티파니(Tiffany) 125

티에르 뮈글러(Thierry Mugler)
159

티에르 에르메스(Thierry
Hermes) 19, 21

팀버랜드(Timberland) 68, 180

파올로 구찌(Paolo Gucci) 29

파이렉스(Pyrex) 82

파타고니아(Patagonia) 179,
191~193

파트리치오 베르텔리(Patrizio
Bertelli) 25~26

패미클로(FAMIQLO) 131

패스트 리테일링(Fast Retailing)
27, 33, 126, 129~130, 138, 244

팰릭 패션 그룹(Falic Fashion
Group) 23

퍼디(Purdey) 50

퍼렐 윌리엄스(Pharrell
Williams) 244

페라가모(Ferragamo) 47

페리 엘리스(Perry Ellis) 62

페멘(Femen) 230, 239

펜디(Fendi) 49, 224

펜필드(Penfield) 180, 194~195

포 퍼스(Four Paws) 192

포미닛(4minute) 197, 212~215,

217

포셋 소사이어티(The Fawcett Society) 235

폴 냅먼(Paul Knapman) 36

폴 스미스(Paul Smith) 21

폴린 모이낫(Pauline Moynat) 19, 21

푸마(Puma) 50

프랑소와 고야드(Francois Goyard) 19, 21

프리다 지아니니(Frida Giannini) 30, 48

플라톤의 아틀란티스(Plato's Atlantis) 51

피비 잉글리시(Phoebe English) 57, 160

피비 필로(Phoebe Philo) 232

피아제(Piaget) 50

피에르 가르뎅(Pierre Cardin) 45~46, 67, 159

피에르 베르게(Pierre Berge) 76

피파 미들턴(Pippa Middleton) 225

필로필스(Philophiles) 232~233

필리프 페탱(Philippe Joseph Petain) 84

필립 트리시(Philip Treacy) 38

필슨(Filson) 73, 191, 194

하들리 프리먼(Hadley Freeman) 238

하이디 클럼(Heidi Klum) 225

하이랜더 레이프(Highlander Rape) 51

허큘리스(Hercules) 73

헌터(Hunter) 96

헤네시(Hennessy) 43, 50, 83

헨리 풀(Henry Poole) 37

헬무트 랑(Helmut Lang) 24~25, 33, 42, 49, 53, 67, 75, 80, 247

호세 레뷔(Jose Levy) 75

후드 바이 에어(Hood By Air) 75, 79~80

후부(Fubu) 80

후세인 살라얀(Hussein Chalayan) 42

후지와라 노리카(藤原紀香) 129

+J 26, 132~133

GU 131, 245

H&M 15, 31~32, 53~54, 99, 132, 137~138, 177, 193

H.O.T. 208

K2 181

LVMH(Louis Vuitton Monet Hennessy) 19, 25, 43, 45~46, 49~50, 55~56, 63~64, 77, 83~84, 198

MMMT 31~32

PPR(Pinault-Printemps-Redoute) 43

SM 엔터테인먼트 208~210

YG 엔터테인먼트 197~200, 202, 208~210

VF 68, 180

패션 vs. 패션

지은이 박세진

초판 1쇄 발행   2016년 9월 1일
2판 1쇄 발행   2018년 3월 9일
2판 2쇄 발행   2019년 11월 29일
편집   박활성
디자인   홍은주 김형재
인쇄 및 제책   세걸음

워크룸 프레스
출판 등록   2007년 2월 9일
(제300-2007-31호)
03043 서울시 종로구 자하문로16길 4, 2층
전화   02-6013-3246
팩스   02-725-3248
이메일   workroom@wkrm.kr
웹사이트   www.workroompress.kr
www.workroom.kr

ISBN   978-89-94207-91-9 03590
값   15,000원

이 도서의 국립중앙도서관 출판시도서목록(CIP)은
서지정보유통 지원시스템 홈페이지(seoji.nl.go.kr)와
국가자료공동목록시스템(www.nl.go.kr/kolisnet)에서
이용하실 수 있습니다.
CIP제어번호   CIP2017029012